设计学系列成果专著

任文东　主编

宜居城市广场群时空分布特征研究

SPATIAL AND TEMPORAL DISTRIBUTION CHARACTERISTICS OF LIVABLE CITY SQUARE CLUSTERS

高家骥 著

中国纺织出版社有限公司

总序

FOREWORD

当今时代是全球科学技术、文化艺术快速发展的重要历史时期，也是艺术设计发展取得突破性成就的黄金时代。随着计算机信息技术的迅猛发展，人类社会逐步开启了全新的世界观及生活观，前沿科技彻底颠覆了工业社会时代设计哲学指导的设计范围、设计内容、设计意义。当今设计所面临的是一个多元交叉、领域交融、机遇与挑战并存的新时代，探索设计与设计教育的新理念、研究未来设计学科发展的新范式在当下具有非常重要和切实的意义。

一个新学科的兴起预示着更多学科的交叉与融合。这种融合不仅发生在不同国家不同文化上，还发生在新的技术与科学的加入上，所以多元化学科交叉与融合将是艺术设计未来的发展趋势。任何学科都需要有创新力，设计更是如此。设计学本身作为一种交叉学科，它推动了各类社会学科的创新发展。而作为一个新时代的设计学生，他们需要拓宽视野，探索涉猎学科的深度与广度，掌握新技术与新媒介的应用手段，才能够成为符合新时代背景的合格的设计师。

设计的目的是服务于人，也是实现人类追求美好生活的重要手段。设计的特征是集成创新，设计的目标是以需求为导向的转化应用。设计教育只有实施多向度的跨界、知识的交融、资源的整合、创新的集成、科学的评价，才能培养出能统筹多元知识、满足社会需求的合格的创新设计人才。

本套丛书是基于设计学学科的前期积累，综合了设计创新思维与方法、智能服装设计与教育、民族服饰与文化产业、民国图像与服饰历史、网络游戏与数字媒体、宜居城市广场群时空分布等研究成果，从多维度、多角度进行宏观与微观、传统与现代的多层面研究，努力丰富设计学学科的内容，拓宽学科视野。愿丛书的出版对设计学学科的发展起到积极的推动作用，与此同时，为高层次设计人才的培养以及设计教育范式转型与构建增添更多的理论支撑。

感谢本书所有作者同事们的大力支持。在编写过程中，疏漏之处在所难免，敬请各位同行及广大读者批评指正！

任文东

2020年8月

前言
PREFACE

城市是承载和提供人们生存的空间环境，城市广场是城市空间的基本组成部分之一。城市广场是由道路、山水、地形等围合，通过多种软、硬质景观构成的城市户外公共活动空间。城市广场具有多重价值，在社会价值上，广场为市民提供社交休闲的场所；在经济环境上，广场带动周边产业的不断集聚，满足相关需求，促进经济的发展；在城市历史文化方面，广场展示城市底蕴，宣扬城市形象。

基于人居环境视角，对大连的城市广场分类、城市广场的发展历程和空间格局的演变、城市广场空间格局形成与演变的驱动机理以及城市广场规划发展的思考等方面进行了研究，本书主要研究结论如下：

以遥感影像、调查问卷、空间统计及社会经济等数据为基础，构建自然、人类、社会、居住、支撑系统中与人居环境相关的广场评价指标，并探索其时空分异特征及驱动机理。研究中国广场型城市大连市的48个广场，结果表明：①采用主成分分析方法对其进行综合评价，提取出四个主成分因子，其累计贡献率为78.70%。②在主成分分析基础上，采用聚类分析方法，将城市广场划分为综合型、游憩型、商服型、交通型四种。③不同时期广场所具备的人居服务功能和空间分布格局不同，广场多集中分布在西岗区的中部和中山区的北部。④驱动机理中自然因素影响着城市广场分布的整体格局；经济因素、社会因素和政治因素，对广场的数量、规模、形状等产生重要影响；生态环境因素和技术因素，分别决定着广场的形象和广场功能的多样化。

由于时间仓促，书中难免有疏漏之处，敬请各位同行及广大读者批评指正。

本书受辽宁省教育厅一般科研项目“基于老年人宜居环境视角的城市休憩型广场优化布局研究——以大连市为例”（项目编号：J202154）资助，笔者对此致以最真挚的感谢。

高家骥

2021年2月

目录
CONTENTS

Introduction
绪论

第一节
研究背景及问题的提出

一、研究背景

1. 政策背景

2014年国务院颁布的《国家新型城镇化规划（2014—2020年）》指出，新型城镇化应坚持以人为本、公平共享的基本理念，城市生活和谐、宜人是其五大发展目标之一。2015年12月20日召开的中央城市工作会议把“宜居城市”和“城市的宜居性”提到了更高的战略高度加以论述，明确指出要“提高城市发展的宜居性”，强调城市发展工作要坚持以人为核心，并且把“建设和谐宜居城市”作为城市发展的主要目标——统筹生产、生活、生态三大布局，提高城市发展的宜居性。2016年2月6日，国家发布了一份《中共中央国务院关于进一步加强城市规划建设管理工作的若干意见》，其总体目标提出“努力打造和谐宜居的、富有活力的、各具特色的现代化城市，让人民生活更美好”。

可见在新时期，我国城市发展过程中，国家高度重视宜居城市的建设，这也为宜居城市建设以及相关的研究提出了新内容、新课题和新方向。城市广场集多种人居活动于一体，建设宜居的广场，使城市更具活力和特色，是研究的新目标。因此，基于人居环境视角研究城市广场，是党和国家的要求，是顺应历史发展潮流的。

2. 理论背景

城市广场在现代城市开放空间体系中具有公共性、艺术性、活力性，体现着一个城市的文化与精神文明。目前，国外和国内的相关研究主要停留在城市人居环境[1-4]、城市空间[5-8]、人居休闲[9-10]、城市广场[11-14]、区域可达性[15-18]等几个方面，缺少从人居环境视角下进行城市广场的研究。尤其是我国研究城市广场的起步较晚，在借鉴了国外学者对于广场设计和规划建设的研究经验后，开始逐步形成自己的研究角度。目前已有研究成果的内容范围主要集中在：城市广场的定义[19-20]、演变过程[21-22]、功能[23-25]、形态[26-27]和文化感知[28]，以及针对广场内部空间的环境设计[29-30]，而且重视并满足人性化空间的需求。但是，从整体来看，系统研究城市广场空间结构的研究还较为缺乏，今后有待深入。

此外，在研究方法上，多数学者研究采取案例分析法[31]，主要领域集中于城市广场的定性研究。近年来，部分学者在社会学领域上运用和开展了统计分析法[32]、空间分析法[33]以及相关性分析等理论方法的尝试性研究[34-35]，标志着研究方法从早期的定性研究，步入了定性与定量研究相结合的阶段[36]。统计分析法等定量研究方法，不仅在城市广场研究中得到一定的应用，而且为城市广场研究提供了一种新的尝试。同时在学科领域研究方面，近年来城市广场的研究学科兼具规划学[37]、建筑学[38]、地理学[39]、社会学[40]、环境学[41]等多学科相互交叉的特点，使得城市广场的研究可以从不同的视角进行细化和深化。

3. 实践背景

（1）人民对居住环境的要求提高：随着社会的发展，我国人民生活水平的不断提高，人们对城市的要求是将工作、休憩、公共服务、文化娱乐等各个方面在时间和空间中结合起来。因此，通过城市广场营造一个生态健康、环境优美、舒适安静、具有文化生活气息的现代智能化生活空间，规划和建设基于人居环境理论和思想的城市广场，是为了满足人们对居住环境要求提高的需要。

（2）人居环境科学研究的需要：目前人居环境科学研究的广度和深度逐渐加强，而城市广场是人们生活的重要空间载体，无论是从宏观还是微观视角，其对人居环境均具有重要影响。为此，开展人居环境视角的城市广场研究是人居环境研究发展的需要。

二、问题的提出

城市公共空间由建筑物、道路、广场与地面环境设施等要素构成，在经济与社会发展的过程中，由于居民生活需求不断发展，城市的建设逐步加快。作为城市的客厅，广场上每天发生着城市居民大部分的活动，这些都构成了中国与中国人独特的公共空间意识与公共领域现状。每个城市具有的独特公共空间——城市广场，对人和城市发展的影响是持久并深远的。大连作为一个经济和社会快速发展的城市，拥有着以往科学建设城市广场的基础，同时随着城市人口规模的不断扩大，城市公共空间的需求量也在加大，功能需求更复杂。因此，本书问题的提出是基于人居环境理论和思想方面，研究大连的城市广场、探讨城市广场规划和发展的思路。通过空间分析和数据分析，结合科学的问卷调查，在此基础上充分深入认识广场的性质、功能、价值与发展规律。

第二节 研究意义

一、理论意义

1. 为城市广场研究提供了一个崭新的人居环境视角

纵观国内外对城市广场的研究，其内容主要是涉及广场内的设计、景观、功能、生态以及广场空间与形象等。社会经济不断发展的同时，人的需求在不断地提高，对环境的需求也在不断提升，而城市广场正是人们休闲活动的重要场所，因此本书从“人居环境”视角，运用定量模型方法、空间分析方法以及案例研究法等多维度对城市广场进行了系统研究，为城市广场研究提供了一个崭新的视角。

2. 丰富了人居环境的理论研究

笔者从人居环境五大系统出发，构建了城市广场评价的指标体系，用以研究城市广场的分类。同时，对城市广场空间格局的分布进行研究，进而把城市广场作为人居环境的一个重要载体，分析城市广场对人居环境产生的各种影响，在一定程度上是对人居环境理论研究的丰富和发展。

二、现实意义

1. 为大连城市广场的发展和提升提供了科学依据

笔者分析了大连市内四区城市广场的类型和发展历程，基于人居环境思想和城市广场空间分异理论，分析了各类城市广场的人居生态服务功能、社交服务功能、游憩服务功能以及居住服务功能。在此基础上，通过微观和宏观两个层面并结合景观设计，提出广场建设内部空间及外部环境建设提升对策，为大连城市广场的发展和提升提供了科学依据。

2. 为全国城市广场的建设提供借鉴和参考

笔者以大连市为例，基于人居环境视角，对城市广场的发展和建设进行了较为全面的剖析，并提出了有针对性的对策，为全国各大城市广场的建设提供经验和借鉴，有利于促进全国各大城市广场在空间环境设计上更加人性化，从而满足周边社区对城市广场的需求，为改善城市环境提供新的思路。

第三节
研究内容与技术路线

基于人居环境视角的城市广场主要探讨的是如何具体地实施研究内容、运用方法及解决问题的技术路线，简述如下。

一、研究内容

（1）以“发展为了人民”和“打造宜居城市”两大理念为指引，考虑到城市居民生活水平越来越高，城市居民休闲场所——广场对人们生活便利度产生影响，以及硬件环境的优劣也成为人们选择居所的重要元素，由此提出了研究的背景及其理论和实践意义。

（2）从分析城市广场概念、城市广场功能与历史等入手，辅以城市规划、公共空间、人居环境理论分析，综述了国内外人居环境研究、国内外城市广场研究以及城市广场对人居环境的影响研究。

（3）在人居视角的城市广场研究中，通过人居环境视角建立城市广场的分类指标体系：依据主成分分析法得出的城市广场综合评价结果，分析研究广场的空间特征；通过聚类分析方法，对城市广场类型进行综合分类。

（4）从市政功能时期、交通功能时期、综合功能时期三个阶段对大连市城市广场的发展历程及其功能的演化进行阐述；并利用 Mapinfo 软件、全局自相关分析等方法，对大连城市广场空间格局演变的特征与模式进行深入探讨。

（5）对大连市城市广场空间格局形成机理进行研究，包括自然禀赋、经济因素、社会因素、政治因素、生态环境、技术因素多个层面，并对城市广场空间格局演变的驱动力因素进行回归分析。

（6）从人居环境视角分析城市发展规划，基于绿色生态环境、社交开放环境、游憩共享空间、居住协调度提出政策建议。

（7）总结了主要结论，展望了未来的研究方向。

二、技术路线

基于前述研究内容及相关研究方法，本文的研究路线如图 1 所示。

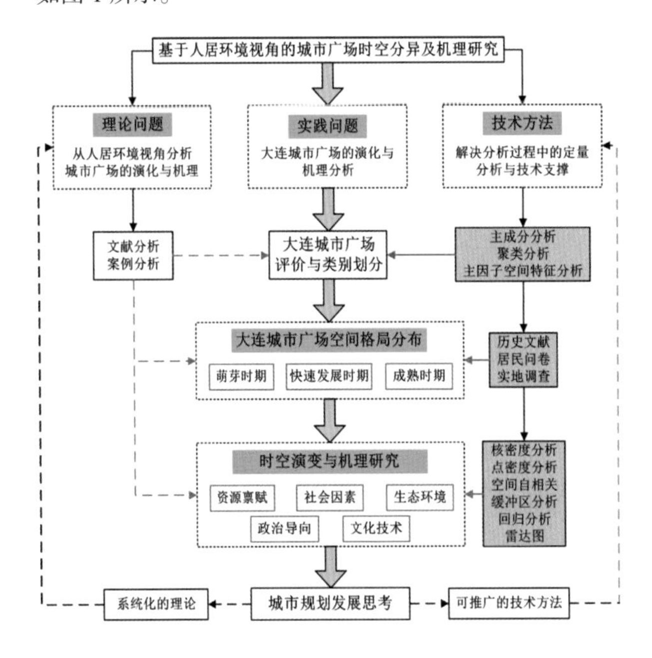

图1 研究技术路线图

第四节 研究区域与研究方法

一、研究区域概况

大连市位于辽东半岛南端（120° 59'E~123° 31'E，38° 43'~40° 12'），地处黄海、渤海之滨，背依中国东北腹地，与山东半岛隔海相望。城市处于北半球中纬度地带，受太阳辐射四季变化较大，加上一面依山、三面环海的地理环境，使得大连具有一定的海洋性气候的特点，气候温和，降雨集中，季风盛行。其由中山区、西岗区、沙河口区、甘井子区、旅顺区、金州区、长海县、瓦房店市、普兰店区、庄河市组成。

大连作为中国东北部沿海地区经济发达的港口城市，贸易、工业、旅游等产业发展迅速。特别是近些年，城市空间建设发生了翻天覆地的变化，中山区、沙河口区、西岗区及甘井子区作为大连市的主城区，位于城区南部、地势较平缓，受历史、商业、文化等众多要素的影响较大，居住人口和流动人口发生着巨大变化。为了满足人口的日益增长及居民的社会生活需求，城市土地及基础设施的规划建设更趋于合理与完善，广场作为居民日常生活的重要休闲娱乐场所已逐渐建设完成。其中，城市广场多与建筑物、山水风景、经济文化及其他要素相结合，不同的广场都具有其一定的功能性质，而各种类型广场也都具有其不同的功能与用途。因此，本文以大连市主城区 48 个广场为研究对象，研究其不同时段的广场功能、服务范围、空间分布及其整体规划等一系列功能性质具有重要的现实意义和价值。

自 19 世纪末 20 世纪初，大连市的友好广场、港湾广场、中山广场、胜利桥广场及三八广场已开始动土施工。到了 1920 年，东关广场、人民广场、花园广场、五四广场、五一广场、解放广场等也相继开始建设。由于受历史、经济文化等众多因素的影响，在 1930 ~ 1980 年，大连市的城市发展还处于相对低缓的阶段，因此，这时期城市广场的发展建设未发生重大的变化。直到 20 世纪 80 年代，随着国家改革开放政策的出台，城市经济发展开始复苏，国民的生活水平得到大幅度改善，为合理规划利用城市土地空间，胜利广场、二七广场、虎雕广场、海洋广场等开始建设，为居民的日常生活提供了休闲娱乐的场所。进入 21 世纪，大连市四城区人口已超过 200 万人，其中外来流动人口比例也相对增加，从而在一定程度上导致城市居民日常生活拥挤紧张。大连市主城区不同功能类型的广场相继开始建设，如海军广场、星海广场、文苑广场、天河广场、后盐广场以及东港音乐喷泉广场等，这些广场已逐渐地成为居民生活、旅游、休闲的娱乐场所。

综上所述，笔者经查阅文献资料、实地调查及数据的收集等多种方式，选取出主城区中 48 个具有较为广泛的使用价值的城市广场为研究对象，对其进行综合分类评价。其中，研究范围内包含中山区 17 个广场，西岗区 11 个广场，沙河口区 10 个广场，甘井子区 10 个广场（表 1）。每个时期的城市广场需考虑当时地理环境、商业、交通、经济、文化等众多因素的影响，因此广场的空间特征都具有一定的独特性和功能性。其中，星海

表1　大连市48个城市广场

序号	名称	始建时间	广场面积（hm^2）	绿化面积（hm^2）	铺装面积（hm^2）	所在区	形状
1	中山广场	1899	2.27	1.50	0.50	中山区	圆形
2	友好广场	1901	0.96	0.14	0.82	中山区	圆形
3	港湾广场	1901	2.18	0.30	1.35	中山区	椭圆形
4	海军广场	2000	6.90	4.40	2.50	中山区	长方形
5	火车站南广场	1935	0.60	0.07	0.53	中山区	梯形
6	胜利广场	1993	2.70	0.50	2.20	中山区	方形
7	二七广场	1909	0.64	0.00	0.64	中山区	圆形
8	三八广场	1909	0.72	0.13	0.59	中山区	圆形
9	民主广场	1920	1.68	0.55	1.13	中山区	椭圆形
10	胜利桥广场	1903	0.14	0.10	0.04	中山区	复合形
11	虎雕广场	1991	1.64	0.94	0.70	中山区	不规则
12	旭日广场	2000	0.70	0.32	0.38	中山区	圆形
13	希望广场	1995	1.56	1.36	0.20	中山区	三角形
14	山峦广场	2000	0.60	0.25	0.35	中山区	方形
15	华乐广场	1998	2.40	1.20	1.20	中山区	半圆形
16	海洋广场	2001	1.00	0.64	0.36	中山区	不规则
17	东港音乐喷泉广场	2015	20.00	2.91	4.89	中山区	不规则
18	人民广场	1924	12.50	4.00	3.28	西岗区	方形
19	奥林匹克广场	1999	4.20	1.56	1.80	西岗区	长方形
20	香炉礁广场	1987	5.30	3.80	1.50	西岗区	三角形
21	花园广场	1920	0.43	0.00	0.43	西岗区	圆形
22	八一路广场	1964	0.23	0.23	0.00	西岗区	圆形
23	东关广场	1920	0.24	0.00	0.24	西岗区	三角形
24	石道街广场	1983	0.05	0.00	0.05	西岗区	三角形
25	凯旋广场	2003	2.70	1.20	1.50	西岗区	梯形
26	文苑广场	2000	0.68	0.46	0.22	西岗区	长方形
27	求智广场	1999	1.30	0.80	0.40	西岗区	不规则
28	西南广场	1999	1.30	0.90	0.40	西岗区	复合形
29	星海广场	1996	110.0	85.00	25.00	沙河口区	椭圆形
30	五四广场	1920	0.82	0.33	0.49	沙河口区	圆形
31	解放广场	1920	0.27	0.00	0.27	沙河口区	圆形
32	数码广场	2000	1.50	1.50	0.00	沙河口区	圆形
33	学苑广场	1999	0.80	0.64	0.16	沙河口区	圆形
34	五一广场	1920	0.61	0.14	0.47	沙河口区	方形
35	马栏广场	1995	0.35	0.10	0.25	沙河口区	不规则
36	富民广场	1998	0.32	0.32	0.00	沙河口区	椭圆形
37	天河广场	2003	0.80	0.40	0.40	沙河口区	不规则
38	香周路广场	2009	0.67	0.67	0.00	沙河口区	三角形
39	机场广场	2001	2.80	1.50	1.30	甘井子区	不规则
40	迎客石广场	1983	0.93	0.93	0.00	甘井子区	复合形
41	周水子火车站前广场	2001	0.53	0.31	0.22	甘井子区	三角形
42	大连门广场	1983	0.62	0.62	0.00	甘井子区	复合形
43	金三角广场	1987	1.30	0.79	0.51	甘井子区	复合形
44	华南广场	1995	3.14	0.61	2.53	甘井子区	圆形
45	后盐广场	2003	4.50	1.32	0.43	甘井子区	不规则
46	金湾广场	2003	3.80	2.79	1.01	甘井子区	不规则
47	七星广场	1997	3.20	2.85	0.35	甘井子区	梯形
48	东华广场	2000	1.48	0.93	0.55	甘井子区	方形

注　$1hm^2=1\times10^4m^2$,即1公顷为10000平方米。

广场是广场面积、绿化面积及铺装面积最大的广场。

二、研究方法

本书采用的主要方法简述如下。

（1）GIS空间分析方法：空间相互作用模型，叠置分析，插值分析等，基于大连市国土资源和房屋局、大连市规划局、Google Earth、百度地图等获得的基础数据开展空间分布研究。

（2）主成分分析方法：将多个变量通过线性变换，从而选出个数较少但具有重要作用的指标，基于提取的特征值、载荷矩阵来计算各主成分的得分以及综合得分，以此对城市广场进行综合评价研究。

（3）聚类分析法：根据研究对象的特征按照一定的标准对研究对象进行分类的一种分析方法，它使组内的对象具有最高的相似度，而组间具有较大的差异性。笔者据此对城市广场进行分类研究。

（4）逐步回归分析法：首先对每一个变量做简单回归，然后以对自变量贡献最大的变量所对应的回归方程为基础，再逐步引入其余变量。经过逐步回归，使得最后保留在模型中的变量是影响广场空间格局的主要驱动力因素，而且变量之间没有严重的共线性。

（5）全局自相关分析：空间自相关性使用全局和局部两种指标，全局指标用于探测整个研究区域的空间模式，使用单一的值来反映该区域的自相关程度；局部指标计算每一个空间单元与邻近单元就某一属性的相关程度。

（6）问卷调查法：基于对常住居民的访问，从人居环境视角对城市广场相关问题进行实地调查，了解城市居民对不同属性特征城市广场的认知度。

（7）文献分析法：通过搜集、查阅、整理文献，形成对事实科学认识的方法，据此分析不同时期影响城市广场分布的主要因素及规划建议。

CHAPTER

1

Chapter 1

第一章　理论基础与研究综述

第一节
相关概念及研究视角

一、城市广场

城市广场在《中国大百科全书：建筑、园林、城市规划》[42]中被定义为“城市中由建筑物、道路或者由绿化地带围绕而成的开敞空间，是城市公众社会生活的中心；广场又是集中反映城市历史文化和艺术面貌的建筑空间”。《城市规划原理》[43]提出，“广场是依据城市功能和要求而设置的供人们活动的空间，它通常是城市居民社会生活的中心，广场上可进行集会、交通集散、游览休憩、商业服务及文化宣传等”。《城市广场规划设计指引》提出，“城市广场是城市中人为设置给市民进行公共活动的一种开放空间，围绕一定主题配置的设施、建筑或道路的空间围合区域以及具备三个基本要素（公共性、开放性、永久性三个特征）的公共活动场地”。

城市人口把城市广场作为户外公共空间的重要组成部分，这使得广场承担着向市民提供交流、生活、娱乐场所的任务，并且在丰富城市景观、组织城市交通等方面，起着至关重要的作用[44]。作为城市重要的公共空间，广场具有特定的空间形态和组织结构，反映着不同特点，其外在形式与内在结构的互动，赋予了不同广场独立的文化内涵。随着社会的发展与城市的变化，广场的形式、功能、性质也多种多样，作为一个相对完整与独立的空间形态，城市广场能满足城市居民日常活动的需求[19]。显然，正在成为热点的广场规划发展与开发建设对迅猛发展的城市来说具有重要的意义。

二、人居环境视角的城市广场

人居环境的研究核心是人，倡导以人为本。人居环境研究的目的是营造更加安全、舒适、健康的城市。目前我国的人居环境研究，是以吴良镛的自然、人群、社会、居住、支撑五大系统理论体系为主流研究导向。城市广场为人类活动提供场所，是城市的缩影，广场周边的要素融合了居民生活、发展需求的自然环境、商业交通、教育文化、住宅小区等。现有的国内外针对城市广场开展的科学研究，主要集中于广场的外部空间景观和人文范畴，或对广场内部空间的研究，如广场绿地、硬质铺地、水体景观、代表建筑等[46]，此外除了内部设计，城市广场外围的建设也越来越重视人性化、满足着人类需求[47]。笔者在原有广场分类基础上，借鉴吴良镛提出的人居环境五大系统扩展城市广场研究的视角：

（1）自然系统：主要研究广场绿地对空气质量、局地小气候的冷热舒适度的调控作用，以及植物造景给人的感受；

（2）人类系统：从广场使用者的研究角度出发，包括不同类别居民对城市广场使用和感受的心理研究，广场内部运动设施的人文关怀规划设计，以及艺术建筑设计使人对某一广场产生精神向往、归属感；

（3）支撑系统中关于广场周边建筑——其中关于商场的研究最多，其便利度以及由此形成的商业广场体系都有涉及。广场周边交通是由城市广场不断发展形成的，笔者对此的研究包括广场交通的形成、车站情况和流动性改造及其设计；

（4）居住系统：广场周边居住建筑的密度、价格，周边居民文化水平及广场使用人群的划分等研究；

（5）社会系统：在广场的规划设计中，政治和文化对城市广场重建的影响，以及广场产生的社会分化、城市发展等方面的研究。从人居环境视角评价大连市在城市广场建设上，如何满足人类居住要求并创造以人为本的可持续发展的城市。

第二节 理论基础

一、城市规划理论

人类的意识活动都是以目标为导向的，因此人类活动也有着不同的目标系统，城市规划作为一项人类活动同样也是以目标为导向。城市规划理论认为规划的目标是完善城市发展的重要环节，比如城市规划立法、机构设置、程序设计等也是政府绩效评价的重要准则。城市规划体制运行的意义就在于保证特定规划目标在一定时期内得到实现，因此规划目标在城市规划体制中居于核心地位。广场作为一个多维度的空间具有良好的发展前景，它既可用于紧急避难，还可用来休闲娱乐。这个具有代表性和象征意义的公共空间既开阔又实用，很好地服务了周围社区群体。

麦克劳林认为目标的确立，是城市规划诸多环节中最为重要的一项，这是因为规划的目标将会影响后续的一系列规划的决策和结果。从本质上来看，城市规划的目的是减少或杜绝城市发展中的消极影响，并产生积极影响。城市规划价值观的发展历程，实质上反映了人们对开发的消极影响和积极影响的认识发展过程。城市广场的设计主要坚持的是可持续性原则，这包括一系列元素，比如广场的树木管理、场地划分和选材等。每个广场的设计涉及城市全面的总体规划，力求创造一个具有前瞻性的设计框架，为城市发展创造积极影响。

利维（J.M.Levy）总结了城市总体规划的一般目标：第一是健康，对于土地的使用要保证公众的健康生活；第二是公共安全，要全方位保障城市各个层面市民的安全；第三是交通，为社区提供更加便利的交通条件；第四是关于公共设施的提供，如公园、广场、学校、车站等；第五是关于环境保护，即限制部分城市开发和土地利用对环境造成的压力；第六是经济目标，即保持现有经济水平或促进经济增长；第七是财政健康，即开发城市时要考虑到居民的财政状况；第八是再分配的目标，是将城市作为规划再分配的工具[48]。

由此可见，各国城市规划最基本任务和共同目标是通过空间来合理地组织工作，满足社会经济发展和保护生态的需求。在中国，现阶段对城市规划的基本任务是保护、创造和修复人居环境，保障和创造城市居民健康、安全舒适的空间环境和公平公正的社会环境，达到城乡之间经济、文化和社会相互协调、稳定永续、和谐发展[49]。广场的功能和作用有时可以按所在的位置和城市规划设计而定，需要结合城市的建筑以及市民的日常生活，并满足人们对城市空间的艺术审美需求。城市广场今后的规划方向，可以秉承着利维的城市规划七大目标，结合现阶段我国的城市规划任务，建设、改造出更适应城市蓬勃发展的生活中心地，有机地关联城市规划与广场空间设计。

二、公共空间理论

公共空间具有开放性、可达性、大众性及功能性等特质，承载了多层面的内容，成为城市建设的重要载体：①活动的设施与场所；②文脉的传承与发展；③价值的创造与提升。在公共空间包含的组合要素中，主要组成部分包括广场、街区、商城、弄堂、庭院等，即人们行为活动所涉及的公共空间场所[50]。

城市广场是因人类所需而造就的聚集性公共场所，这一说法由来已久，体现在国外一些法律文献（Jowitts 的《英国法律词典》，Strongs 的《司法字词宝典》，Vernez Moudon 的关于法律专业文字释义的评论）中。例如，如果一个空间被看作公共空间，其所有权和进出权不能看作是对这个空间公共使用的阻碍，尽管这对公共进出有着内在的本质上的限制。甚至在主要的私密场所，公共进出在大多数时间里是能够实现的，如果被否定，那可从法律上寻找到合法性。在法律上，公共场所是不可能禁止其使用者的互动行为，以及其互动中所具有的独特性能。除此之外，弗朗西斯·蒂巴尔德将公共领域看作“城市格局的所有部分，其中公众可通过自然物质和视觉方式进入”。综上所述可以看出，“城市公共空间”一词不仅是一个学术论点，更表明了空间与人类生存之间水乳交融的密切关系[51-52]。

作为市民使用效率最高的城市公共空间之一，在 20 世纪初，比德尔、李瑟尔以及布林克曼等对于城市广场的研究还都停留在空间层面[53]。第二次世界大战后，城市广场的研究从单一的空间分析，逐步扩展到社会背景里更深的探讨层面，许多学者从不同角度出发，探索解决关于城市公共空间问题的方法，对城市公共空间及其开放空间的设计理论和实践有着大量精辟的论述。

此外，在关于城市公共空间形态的不断探索的过程中，设计城市的人们不再局限于将设计作为形象工程和作品，随着社会的发展，人们开始对文化环境[54]、自我意识、精神和生理等[55]的需求越来越注重。所以城市公共空间设计不仅要考虑与自然环境的和谐，还要注重人们的生理和心理需求，从而为都市人提供一个便利、愉悦的环境，使人、景观、自然三者形成和谐关系，达到一个相对平衡的状态[56]。因为人们越来越意识到“人”在其建设中占据的重要地位，他们提出的理论逐步立足于从公共空间的使用方面来研究广场。广场是城市公共空间的重要形式，是最具魅力的公共空间，在城市建设与市民心中占据着越来越重要的地位。它给当今时代生活繁忙的人们提供了相聚闲谈、与人交流的场所，更好地激发了社会生活，促进人与人的沟通交流，提高城市活力与魅力。关注城市的公共空间，首先研究城市中的广场，它不仅支撑着城市居民的各项行为活动，同时也是城市文化的重要体现。

三、城市人居环境理论

城市人居环境理论最早是由吴良镛、周干峙等学者结合道萨迪亚斯的人类聚居学理论和道氏理论而提出的科学理论。图 1–1 展示了吴良镛界定的人居环境科学领域的诸多内容，显而易见，“人”是人居环境科学的核心。研究人居环境，以满足“人类居住”需要为主要目的，关怀广大人民群众，重视社会发展整体利益。以“生态观、经济观、科技观、社会观、文化观”，即发展中国家的人居环境科学的五项原则为根本。因此就内容而言，人居环境包括以下五大系统：自然系统、人类系统、社会系统、居住系统和支撑系统[57]。

（1）自然系统：自然环境和生态环境是聚居产生并发挥其功能的基础，人类安身立命之所。自然资源，特别是不可再生资源，具有不可替代性；自然环境变化具有不可逆性和不可弥补性。

自然系统侧重于与人居环境有关的自然系统的机制、运行原理及理论和实践分析。例如，区域环境与城市生态系统[58]、土地资源保护与利用[59]、土地利用变迁与人居环境的关系[60]、生物多样性保护与开发[61]、自然环境保护与人居环境建设[62]、水资源利用与城市可持续发展[63]等。

（2）人类系统：人是自然界的改造者，又是人类社会的创造者。人类系统主要指作为个体的聚居者，侧重于对人的物质需求与人的生理、心理、行为等有关机制及原理、理论的分析。

（3）社会系统：人居环境是“人”与“人”共处的居

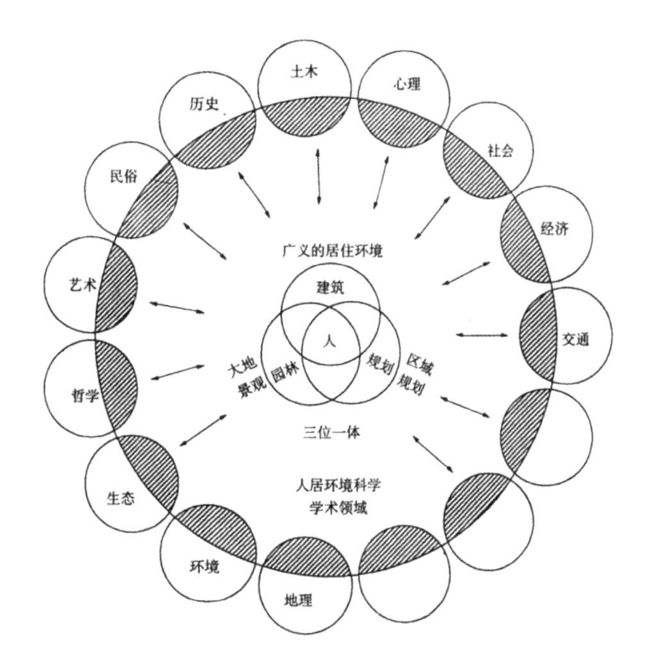

图1-1 人居环境科学导论图

住环境，既是人类聚居的地域，又是人群活动的场所，社会就是人们在相互交往和共同活动的过程中形成的相互关系。人居环境的社会系统主要包括社会关系、人、公共管理和法律等。

（4）居住系统：城市被视为公共的场所，也是一个生活的地方。由于城市是公民共同生活和活动的场所，所以人居环境研究的一个战略性问题就是如何安排公共空间和所有其他非建筑物及类似用途的空间。

（5）支撑系统：主要是指人类居住区的基础设施，包括公共服务设施系统（如废品处理、自来水供应等）、交通系统（公路、航空、铁路）以及通信系统、计算机信息系统和物质环境规划等。支撑系统是为人类活动提供支持的，服务于聚落并将聚落联合成为一个整体的体系。它对其他系统和层次的影响巨大，如建筑业的发展与形式的变化。

因此，人居环境的建设理论应强调关于人的价值以及社会公平性。从根本上来说，公平并不是纯粹的经济学概念，它还包含伦理学意义，如中国的社区建设需要从中国国情出发，以“强势群体”的建筑区为着力点；各种人居环境的规划建设，必须关心人及人们的活动，这是人居环境科学的出发点和最终归属[64–65]。同理，城市广场的规划发展，关系着附近居民的生存与活动，展现了人居环境以人为本的理念。

第三节 国内外研究进展

一、国内外城市广场的研究

1. 国外城市广场的研究

国外对城市广场空间的内在要素研究有着悠久历史，早在古罗马时期，维特鲁威在《建筑十书》[66]中对古罗马的广场空间要素进行了研究，并提出了一些基本的设计原则。2002年弗朗西斯科·阿森西奥·切沃在《世界景观设计：城市街道与广场》[67]中诠释了现代城市广场景观的设计要素，认为广场设计必须尊重它们的内涵，特别要关注地方特性并将艺术引入城市景观的社会和文化推动力之中（而远远不是学科上的概念），并且还应该将其引入普通人，即那些从景观设计中获益的人们的日常生活之中。

卡米诺·西特在1889年出版的《遵循艺术原则的城市设计》[68]中，极力地称赞了中世纪欧洲城市里多变的空间尺度，更赞叹这里所蕴含的人文精神。20世纪初，一批西方学者先后对城市广场这一课题开展研究，如布林克曼、李瑟尔等学者对城市广场的研究，主要集中在空间形态层面上[69-71]。“二战”以后，学者们对城市广场有了更为深入的研究，其中祖克尔对广场的空间类型进行了系统的分类，斯汀泊从视觉心理学的角度探讨了人在广场中的空间感受[72-73]，但是这一时期对于城市广场上情感投射方面的研究还相对缺乏。《场所精神——迈向建筑现象学》（*Genius Loci——Towards a Phenomenology of Architecture*）由挪威著名的城市建筑学家诺伯舒兹编写，在1979年时，他就提出了“场所精神”这个概念，认为建筑没有什么不同的“种类”，只有不同的情境需要不同的解决方式，借以满足人在实质上和精神上的需求[74]，早在古罗马时期就有这种概念，从“场所”谈起，在某种意义上是将人的记忆物质化与具体化，也是对一个地方的认同感和归属感[75-76]。

当前，关于城市广场的研究日趋成熟化和系统化，城市社会学的发展对于城市广场的研究起到了推波助澜的作用，刘易斯·芒福德从社会历史角度描述了城市空间的发展规律，其中米切里希、巴特、简·雅各布在此角度上侧重的是现代大城市中的社会问题，扬·盖尔和波诺夫将重点放在了人在环境中的行为上。克莱尔·库珀·马库斯和卡罗琳·弗朗西斯在其合著的《人性场所——城市开放空间设计导则》（2001）[77]一书中，从人类的行为驱使、需求导向出发，做了城市广场分类研究，书中结合大量实例，制订出了城市广场的不同设计方案，还把城市广场中的环境质量单独作为一部分，并做了相关评价标准，这些成果在当时的城市广场相关研究工作和设计领域中具有一定的指导意义。

在建筑学领域，莱昂·巴蒂斯塔·阿尔伯蒂所著《论建筑——阿尔伯蒂建筑十书》（2010）[78]为当时最富影响、最具代表性的建筑理论著作，在其之后便是卡米诺·西特，这些浪漫主义情怀也成为后来西方新城市主义以及城市复兴运动的精神源泉。社会的不断发展，城市中发展着的城市广场逐步被赋予了越来越丰富的含义。从休闲学的角度上，杰克逊认为“广场是将人群吸引到一起进行静态休闲活动的城市空间形式”，通常情况下，广场经过铺装，被高密度的建筑物围合起来，有街道环绕或与其连通，它应具有吸引人群和便于聚会的要素。

2010年以后，国外关于城市广场的研究有不同的角度：人在城市广场上的行为和心理方面、内部设计因素和周边建筑，涉及物质和精神层面居多；热舒适和局部空气质量、客流量影响着居民生活品质；城市广场作为公共空间的社会价值、开放空间私有化及其振兴。此外，在城市交通、心理学等方面也有关于广场的不同研究：Dong等则通过大规模客流管理系统(MPFMS)的应用，证明了城市广场在客流积压的解决方案中具有可操作性[79]。Khalifa等针对城市和交通之间的冲突通过拉美西斯广场进行说明并提出解决方法[80]。Shen等为促进公共交通，建立了城市轨道交通乘客满意度评价模型，通过定制的用户服务减少交通拥堵问题[81]。Hajmirsadeghi调查了在设计公共广场和居民之间的社会互动中，一些人类行为关系和心理因素对人类认知的影响[82]，Kariminia等研究了重要的因素——开放的城市广场提供舒适的环境气候，研究人员预测这类户外广场的舒适指数，并开发了计算机模型[83]。Chen等研究上海城市公园广场在秋季和冬季时人们的热舒适度和空间的使用[84]，Stocco等认为即使城市绿地广场在干燥的城市中扮演一个关键角色，但必须关注不同的变量，这可以保证并加强更好的设计以及环境功能[85]。

2. 国内城市广场的研究

广场，在中国的传统文化里叫作庭院，起源于古人聚居的居住形式。城市广场是由殖民文化这一形式传入中国，在东西方文化相互交流渗透之后，中国也出现了“城市广场”一词，但研究起步较西方国家晚，并且中西历史文化不同，对于广场的理解各不相同，中国正式把城市广场作为研究对象是20世纪才开始的[86]。中华人民共和国成立初期，城市广场只是作为政治性的集会场所，改革开放后才具有真正意义上的现代城市广场，之后关于广场的研究如雨后春笋般出现不仅影响了人们的生活，也极大地改变了传统城市缺乏公共空间的状况[87-88]。

我国学者根据各自学科的角度和我国广场的实际情况，分别提出了各自对广场的理解：李泽民（1986）对城市广场的认知是指一般没有被楼房占用的社会公共用地部分，建设在城市总平面布局上并且与城市道路相连接[89]。王珂、夏健、杨新海在《城市广场设计》中（1999）[90]对我国一些城市中新建的广场做了较为深入的调查研究，全面介绍了广场的定义、分类、发展背景，深入地研究了现代广场设计的基本原则、发展趋势和各种空间环境要素，并精选了14个国内外优秀广场作为案例，通过简要地分析和介绍，认为城市广场是以地形、道路、建筑物等围合的节点型城市户外公共活动空间，为满足城市中各种社会生活需要而建设，由多种软硬质材料所组成，能够采用步行等交通手段到达，具有一定的主题和规模，对城市广场设计有一定的指向作用，但对空间构成、人性化角度的分析还不够全面。宋培抗（2004）认为现代城市广场的概念要广义得多，大到形成一个城市的中心，小到一块空地或绿地等均可列为城市广场系列[91]。邹德慈等学者提出了我国的城市广场，应当重视建设理念、实用性能、感观效果等规律，使城市广场服务于大众，成为真正绿色的公共空间。关于城市广场的存在意义，邹德慈还指出，对于一个城市来说，广场就是城市的客厅，特别是对于一些开发强度和人口密度很高的大中城市，现代城市里的广场就是财富，以疏为美是其未来发展的趋势。

目前，城市广场建设越来越呈现出向地域性、文化性发展的趋势，因此在学术上关注城市广场空间要素设计的研究不断增多，如吕明娟发表的《西安城市广场文化环境的营造》（2007）中表述了构成现代城市广场的空间要素，提出了现代城市广场生态、景观、功能等文化语义表达，以及广场空间建设与形象设计的原则[92]。刘玉梅、刘瑞杰在《城市广场发展趋势探索》（2005）中探讨了城市广场的功能变化、发展趋势，以及现代城市广场在继承传统城市广场空间形式，或者文化内涵中呈现出新的发展趋势[93]。

随着中国日益走向民主政治和平民化时代，城市发展设计理念，特别是广场设计应首先满足其人性与公民性，用积极向上的物质环境，推动社会意识的整体进步[94-95]。薛健在《绿地・广场设计》（2004）[96]中指出广场不仅具有政治活动、集会，还有“家”的功能，是“城市客厅”，该书按现代城市广场、宗教文化广场、纪念性广场、历史古城广场分类编排，收录有各类广场30多个（分布在世界各地），具有不同的文化内涵和设计理念。赵彧（2006）[97]、姚萍（2005）[98]等人从城市广场的设计和形象建设着手，阐述了广场建设对城市意象的重要性。王光新（2007）[99]、武文婷（2007）[100]、李岑（2016）[101]等人探讨了城市广场中的植物景观设计及其自身存在对于城市、广场、人类活动的影响和意义。

此外，我国建筑学者对城市广场内部建筑相关研究的部分成果还有：以齐康为代表的研究者，在城市空间中展示出一个非常全面的城市设计的轮廓[102]，洪亮平在《城市设计历程》（1900）[103]中分析了在社会历史背景下城市设计思想和手法的变迁，并且简要介绍了它们的历史变迁过程。在现代城市广场规划设计中：①广场比例与面积要求，符合广场为群众带来更好的视觉效果。②广场空间组织布置的合理性，对观赏要求影响极为明显。③作为广场的主要构成要素，建筑物与设施的布置极为重要。现代城市广场设计，常见的服务设施主要包括：治安亭、售货亭、标识设施、垃圾箱、座椅、公厕。④地面铺装绿化设计，强调坚持绿色环保理念，所以现代城市广场设计中也包括绿色植物种植、地面铺装等。从政府角度看，首先广场的修建要考虑城市的土地利用情况，既突出广场作用，又便于管理。其次将可持续发展理念放入建设广场内外小品设计理念中，结合现代科学技术与时代发展方略。还要强调公众的参与性，加强城市空间的物质性与社会性的联系。开发商建设城市广场，关注着建筑设计方式、经营方式、施工方案以及效益分析。笔者从学术角度对城市广场结合人居活动实际进行整体评价和建议。

中国城市广场的出现，源自西方城市文化的影响，整体来看，直至20世纪末，国内对城市广场的研究往往都是以介绍的形式为主，辅以大量图片的结构细节，然而当今中国的城市广场，大多只是充当着展示城市与市民生活之间联系的作用。缺少系统性的分析广场空间构成、寻找借鉴和启迪的研究[45, 104]。决定城市广场的构成元素包括物质性和非物质性两种，其中物质性要素是指构成城市广场的实体建筑，非物质性要素是指在广场活动中的活动特征和每个人对空间的感受。因此，近几年来中国学术界引进了不少国外城市广场设计的优秀文献，国内的学者也对此进行了积极地探索，主要是关注广场的设计以及人性化的满足。国内学者对广场的研究，从内部到整个广场空间涉及范围极广，其中包括城市广场与基础设施之间的联系和影响、城市广场的设计与建设等，不仅关注着广场发展的可持续，而且建议设计上要体现人本主义情怀。有体育活动的研究，如广场舞；有广场的精神文化；有广场内的设施、草木的设计；有周边联动的交通可达性、城市空气等都有涉及。城市广场作为城市竞争力的重要部分，牵动着城市的一举一动。由于广场建设处在一个逐步前进的过程，所以对于眼下中国城市建设快速发展这一现象来说，如何直接针对现代城市广场进行相关人居活动的设计与研究，是一个较新的课题。但是随着越来越多城市广场在我国兴起，国内对城市广场的发展需要进一步地深入探讨与研究[105-106]。

二、国内外人居环境的研究

1. 国外人居环境的研究

到目前为止，对于国外人居环境的研究大致可以归纳为几个主要学派，有地理学派、城市规划学派、人类聚居学派和生态学派等[107]。20 世纪以前西方的城市规划思想是以零散破碎的社会科学组成的传统建筑论为主。例如，1898 年，霍华德在《明天，通向真正改革的和平之路》中提出“田园城市”，盖迪斯提倡“区域观念”[108-109]。西方工业文明逐渐地发展到顶峰，现代主义城市创造了一个混凝土组成的森林，人类生活越来越走向大都市化，但是城市规划没有创造出一个自然的环境，反而造成了人际关系被严重改变等各个方面的消极问题。因此希腊建筑师道萨蒂亚斯提出了“人类聚居学”的概念，并在 1955 年创办《人类聚居学杂志》。此外，地理学派研究核心是人地关系和地理环境间的错杂关系，生态学派则强调居住空间结构与生态学的密切关系[110]。

从 20 世纪开始，各国学者对现代主义不断地反思与批判，对城市的探索由单纯的物质逐步转变为城市的文化探究，由城市景观的创造逐步转到关注城市公共空间和生活上去，由宏观升级构思转为对普通环境的心理感知研究。总之开始从生态、感知认识、文化美学等各种视角，对城市人居环境进行系统解析和研究：英国注重村镇与卫星城之间的可持续发展，法国从 1962 年起在城市和区域规划的工作上取得了卓越的成绩，德国一直以来都处于可持续建设和生态技术研究的前列，美国从 20 世纪 50 年代城市人居环境质量下降后开始关注并在环境实践中强调可持续发展，日本、印度等国家也针对人居环境出台相关法律政策进行管理[111-113]。

当前，“世界人居日”（2013）的确立以及每年变化的主题，透露出世界人居环境变化的趋势：以人为本、公平原则、未来可持续性[114]。在全球城市人居环境的评价研究中，英国的经济学家智囊团 (Economy Intelligence Unit)（2011）对全球的城市宜居性进行了排名，调查显示了城市居民居住的困难程度，提供了城市宜居性评价的指标。美国的 *MONEY* 杂志（2005）每年会对全美宜居城市进行评价，评价标准基于对市民调查统计，排名主要参考了居住成本、犯罪率、通勤时间、就业率、教育普及率、健康保险等指标，评价了适宜人类居住的主要城市。美国的默瑟人力资源咨询公司(Mercer Human Resource Consulting)也提出了相关指标，在评价城市居住环境中把宜居性作为重要指标，并指导城市人居环境的建设。目前，西方发达国家，如英、法、美、德等，早已开始运用计算机技术，利用遥感数据处理的方法进行城市居住环境的研究，这一评价技术手段和方法成为国际研究城市人居环境的总趋势。

2. 国内人居环境的研究

从中华人民共和国成立后，中国传统思想逐渐变更，城市改造逐渐运用国外的一些规划建设的理论和原则。近现代以来，由于我国的特殊国情和历史大背景的原因，人居环境发展研究相当缓慢。改革开放以后，许多专家学者借鉴国内外关于人居环境的理论和经验，逐步建立了我国人居环境的研究模式[115]，朱锡金提出了“生态住区规划”理念，钱学森提出了“山水城市”的理念，《中国21世纪议程——人口、环境与发展白皮书》（1994）提出了城市可持续发展理论，第十章即为人类居住区的可持续发展，并讨论了城市宏观人居环境的优化[116]。

1995年国家自然科学基金委员会在我国首次正式提出“人类聚居环境”的概念，并且吴良镛正式提出了新学科——人居环境科学。从1999年开始编写，到2001年吴良镛出版了《人居环境科学导论》[57]，我国人居环境科学的理论基础不断丰富[117]，尤其是2003年以来人居环境的理论和指导思想在科学发展观的指导下逐步深入各种规划建设。与西方发达国家不同的是，中国的城市化在快速推进中，各种发展因素交融在一起，使得中国的城市化形成了多元化的格局，这就要求城市人居环境的建设也必须适应其进展过程。以往我国的城市人居环境评价研究基本采用调查问卷的方式获取一手调研数据，对人居环境多个层面进行评价。2005年国务院通过《北京城市总体规划(2004—2020年)》首次提出建设宜居城市的发展目标，在此背景下张文忠团队结合采用问卷调查和GIS空间分析的方法，完成《中国宜居城市研究报告（北京）的研究》[118]。此后，朱晓清、甄峰等（2011）指出“慢城”理论对中国宜居城市的建设有着积极作用[119]。陈秉钊认为实现中国可持续发展下的人居环境发展关键是城镇化，郑泽爽等（2008）在关于清远市人居环境优化的专题中，对城市宜居性进行了规划探讨[120]。

在人居环境优化和对策研究方面，宁越敏（2011）提出大都市人居环境的宏观原则和微观原则[121]。陈浮、陈海燕、朱振华等（2000）运用社会调查统计法分别从公共服务、景观规划、社区文化环境、环境安全、建筑质量5个准则出发，研究了南京的人居环境，并得出了有益的结论[122]。宁越敏、项鼎和魏兰（2002）对上海郊区的三个小城镇人居环境进行调查问卷研究，认为社会经济发展与小城镇人居环境发展密切相关[123]。此外，李王鸣、叶信岳和孙于，李雪铭和张英佳，董晓峰和杨保军，张仁开等学者同样采用问卷调查的方法分别对杭州[124]、大连[125]、兰州[126]和长沙[127]等城市人居环境进行评价研究。近年来，人居环境研究方向在地域上不仅有城市也有乡村、村落，其中社区的人居环境研究居多[128-131]；经济发展、生态环境、科学发展、旅游等诸多研究方向很好地诠释了人居环境与各学科领域的研究发展[132-133]；而大数据的出现也为人居环境的研究提供了新视角[134]，借鉴国外对人居环境的研究更多范围和领域，国内更多地关注与人居相关的政治、生态、经济方向，不涉及更加细小的甚至尖锐的方面，如身体、心理健康，设施修建，种族平等及环境质量问题等。

三、国内外城市广场对人居环境影响的研究

1. 国外城市广场对人居环境影响的研究

20世纪，工业化社会的不断发展，使人类社会劳动生产力水平稳步提高，也带动了经济发展和人类生活水平提升，人们的生活方式开始发生了变化，休闲一词进入人们日常生

活领域，不再只是属于社会富有阶层的特别享受。因此，休闲方式引起了社会研究者的广泛关注，带动了休闲理论研究的广泛开展。现代社会中，大众生活方式开始发生根本变化，同时生活时间结构也发生着变化，休闲问题自然而然地变成学术界广为关注的问题之一，自然也成为各国政府和国际组织密切关注的国际性问题。

在对城市广场研究的不断探索中，人居环境科学领域内著名的休闲研究者杰弗瑞·戈比在《你生命中的休闲》(2000)[135]中讴歌了人生命中的休闲，其把焦点集中于社会和个人生活两个层面，以充实的理论高调推重人生命中的休闲价值，认为在一个快速变化的时代里，变化最快的领域应当是休闲模式。作者从生存、行为、心态、时间等角度给出了休闲的定义，即在物质环境和文化环境同时存在的压力下，释放出来的一种相对自由的生活状态，它使个体能够在自己信仰的基础上，用自己本能所喜爱、感受到有价值的方式驱使自身行动，其把焦点集中于社会和个人生活两个层面，从社会文化视角解释“休闲”，认为休闲是一种从外在环境压力中，慢慢解脱出来相对自由的生活。扬·盖尔的《交往与空间》（2002）、克里夫·芒福汀的《街道与广场（第2版）》（2009）[136]等，都让人们真实感受到欧美国家学者对城市公共空间人性化的关注; 卡米诺·西特在《遵循艺术原则的城市设计》（2002）中，极力赞扬了城市广场设计内涵中的人文精神[137]，和雅各布一样，从社会学、心理学和行为科学方面对现代主义城市空间进行研究。卡伦在《城市景观艺术》（1992）中阐述城市广场主要侧重人的视觉感受，考虑了城市景观构成要素的尺寸[138]。我国推出的“中国学人休闲研究丛书”，目的也在于提醒公众重视休闲问题，而广场对于休闲，正是其承担者之一。

围绕着不同议题展开的相关研究，必将促进休闲活动相关的理论和实践的新一轮发展和进步，近几年国外学者从不同的角度关注和研究休闲活动，如为了改造大型区域空间的混乱，Gabriel Feriancic[139]等认为要重视从满足多式联运的住宅和商业建筑，到符合交通、流动等多种方式的加强活动中心——广场建设的更新。此外关于广场中的绿地研究，Silvia Raskovic[140] 强调了人在使用广场时，树木对人认识广场的潜在感知价值影响，就绿色元素对人的健康影响做了阐述。Mazlina Mansor[141] 认为对于像历史类广场这样一个活跃的社会空间，平衡历史和日常生活可以赋予它新的意义，建议借此努力传递不同时期人们的历史观和价值观，使之支持城市遗产文化的可持续性，从而适应当地人和游客的需要。此外，有学者提出按照商业化程度的高低，城市休憩空间应当划分为商业化休憩空间、半商业化休憩空间和公益性的休憩空间：商业化休憩空间是完全以盈利为目的的，如主题公园；半商业化休憩空间是其内部有一些项目要收费，而其他一些项目是免费的，如城市公园；公益性休憩空间是完全免费的，如城市广场。因此研究城市广场，也要研究人在休憩空间中所进行的休闲活动[142]。

2. 国内城市广场对人居环境影响的研究

较于西方国家，我国有关休憩文化的历史也是相当悠久，从《诗经》起便有相当丰富的休闲文化记载，衣食住行、诗词歌赋、琴棋书画等都是休闲文化的创造物——相比西方而言，这在我国的研究中是具有悠久历史的一门学问。现代以来，我国学者开始关注休闲问题是在20世纪80年代，此时由于我国经济社会发展的步伐不断加快，积累的物质财富不断增加，随之而来的是大众闲暇时间的需求增长，从而带来的休闲活动和休闲经济的问题，成为现实需要解决的问题。20世纪90年代末期，我国城镇居民生活水平有了较大的提高，相关理论也进一步发展。在我国，较早开始研究休闲时间利用状况的还有王雅林教授，其出版的《闲暇社会学》（1992）[143] 成为中国闲暇时间研究的奠基之作。随着2000年“休闲研究译丛”这套丛书的出版，西方有关休闲的理论正式传入我国，之后我国关于广场休憩的研究成果也越来越多。随着我国工作日的修改，人们有了享受休闲生活的更大可能，从而促进了包括休闲生活在内的各种生活方式发生相应变化，伴随而来的是消费结构也出现了相应变化，休闲理论研究得以发展。其中以于光远、马惠娣为代表的学者，撰写了“中国学人休闲研究丛书”，目的都在于提醒公众重视休闲问题，首要从思想上为普遍到来的有闲社会做好准备。中国人民大学教授王琪延也开始研究关于生活时间分配的课题，先后推出了《中国人的生活时间分配》（2000）[144]以及《北京市居民生活时间分配》两本专著。徐明宏在《休闲城市》（2004）[145]一书中，通过研究城市的演变和休闲的特征，阐述了休闲时空的构建、居民理念的更新等问题。章海荣、方起东在《休闲学概论》（2005）[146]一书中，对休闲学基础理论、休闲心理和伦理、休闲经济和产业等方面进行了系统地概括，对规范学科建设、构建理论体系起到了重要的作用。

根据著名心理学家亚伯拉罕·马斯洛关于人的需求层次的解释[147]，可以把人们对广场的需求归纳为四个层次：一是生理需求（要求广场舒适方便）；二是安全需求（要求广场保护“个体领域”，使个人行动自由不受干扰）；三是交往需求（要求广场提供与他人交往的场所和氛围）；四是实现自我价值的需求（人们在公共场合希望能引起他人的重视与尊重）。与之相应的广场的功能，涵盖了对人影响的上述四个主要方面，广场的功能不完善或者不匹配，这些都将导致人们无法使用空间，而广场功能与人类的活动密度不相对应的结果，也会导致人们的使用困难。而对于当今国内的城市广场功能而言，缺失是主要问题——通过人的需求空间分析得知，这是由于人的空间使用目的和每个人需求各不相同导致的，这为城市广场设计提供了指导意见：在《城市广场灯光环境规划设计》（2004）一书中[148]，程宗玉、吴蒙友介绍了城市广场的灯光设计，并重点讲述了城市广场灯光环境设计的要素构成、设计方法和设计步骤，并用大量的实例加以说明。朱仁元、金涛等在《城市道路·广场植物造景》（2003）一书中[149]，采用实例照片和插图与文字点评结合的形式论述了广场植物造景理论知识。在《城市广场及商业街景观设计》（2011）[150]一书中，田勇等针对城市广场及商业街景观，从理论上分析了城市广场及商业街区的概念、历史及设计原则，结合实际案例讲解了城市广场及商业街的设计步骤。高迪国际 HI-DESIGN PUBLISHING 在《商业广场 4》（2014）一书中[151]，通过多样的建筑形式设计和办公空间设计，呈现不同区域多样的购物环境，为其他商业广场设计提供有价值的参考。

此外，还有很多书籍是关于人们使用广场及周边设施的，如徐永利（2010）[152]从人的精神向度与人使用的心理行为和城市广场的发展做调查研究，认为两者之间的发展存在联系，成为建设城市、设计广场不可忽视的一部分。与之相对的是，更多专家学者以人的使用目的来给广场定性，包括政治性活动、宗教性活动、经济性活动、军事性活动、社交性活动、休闲性活动。就上述六种活动类型而言，政治性活动、经济性活动、宗教性活动、军事性活动相对于社交活动和休闲型活动来说目的性更加明确[153]，而针对每个广场所处的地理位置、广场级别的不同，它们所承载的这一系列活动与它们的复合度和密集度也就不尽相同。就像地处商业中心地带的休闲广场与地处居住区的休闲广场相比较而言，两者在具体功能的组织以及密度的安排上有着很大的区别，这些区别的影响因素包含着周边各地块中人们活动的影响，这些活动导致了人们对于广场的需求不同。

在基于人居角度对广场的内部研究中，如在《长沙城市绿地对空气质量的影响及不同目标空气质量下绿地水量平衡研究》（2014）中，作者彭新德就长沙市五一广场的绿地景观，讨论了广场内绿化区域与边缘空气的清洁度[154]；《大型商业广场交通影响分析关键技术研究》（2006）对武汉市保利文化广场交通影响进行分析，并简要介绍交通影响分析的步骤、关键技术以及相关指标的确定[155]；在《南京鼓楼广场交通改造设计方案的探讨》（1994）中，研究者根据南京市鼓楼广场交通现状及预测分析，论证了广场交通改造的必要性[156]；何碧洁等人在《历史文脉在城市广场景观设计中的传承与发展——以西安大雁塔北广场为例》（2012）中，对西安大雁塔北广场的历史文脉在广场景观中的传承与发展进行分析研究[157]。关于人们对广场的使用，程宗玉、吴蒙友介绍了城市广场的灯光设计；朱仁元、金涛、田勇等论述了广场植物造景理论知识，针对城市广场及商业街景观，从理论上分析了城市广场及商业街区的概念、历史、设计原则。

综上，国内外关于城市广场的研究在内容上主要集中于城市广场的定义、演变历程、功能、形态和文化的认识，以及针对广场内部空间的环境设计、广场的各个要素，重视人性化空间的需求，而涉及宏观尺度的城市广场空间结构的研究尚较为缺乏，有待深入。在研究方法上，多数研究采用案例分析法，主要集中于对城市广场的定性研究。近几年社会学进行了统计分析法、空间分析法及相关性尝试。目前，城市广场的研究方法从早期的定性研究进入了定性研究与定量研究相结合的阶段。同时，在研究学科方面，城市广场的研究呈现规划学、建筑学、地理学、社会学、环境学等多学科交叉的特点，使城市广场的研究得以从不同视角细化和深化。可见，国内外均没有从人居环境的角度来研究城市广场。

到目前为止，对于国外人居环境的研究大致可以归纳为几个主要学派，有地理学派、城市规划学派、人类聚居学派和生态学派等，上述各学派都是从相对宏观的层面来研究人居环境。国内人居环境的研究相对于国外来说更有针对性，主要集中在对人居环境多个层面进行评价，研究人居环境优化和对策等方面。近年来，国内学者更多地关注与人居相关的政治、生态、经济方向，涉及更加细小尖锐的方向，如身体、心理健康，设施修建，种族平等及环境质量问题等。可见，国内外均没有从城市广场的角度来研究人居环境。

国内外已经开展了城市广场对人居环境的影响研究，前期更多的是从休闲的角度，来研究城市广场对人居环境的影响，后期也从生理、安全、交往和实现自我价值四个需求的角度来研究城市广场对人居环境的影响，但不管是前期还是后期的研究都是集中在宏观层面的研究，均没有从微观层面研究两者的关系。

从国内外研究来看，很少从人居环境角度研究城市广场。本书从人居的四大服务功能出发，从微观的角度来研究大连城市广场分类、城市广场的发展历程和空间格局的演变、城市广场空间格局形成与演变的驱动机理、基于人居服务功能的城市广场规划发展的建议，通过上述分析研究，深入认识大连城市广场的性质、功能、价值与发展规律，并从改善周边的绿色生态环境、提高社交开放环境功能、提升游憩共享空间尺度、增强广场与居住区域的配套协调等方面，提出大连城市广场建设内部空间及外部环境建设提升对策，为大连城市广场乃至整个城市的发展建设提供理论支撑和借鉴。

CHAPTER

2

Chapter 2

第二章　基于人居环境视角的城市广场分类研究

城市广场是城市文化的窗口，是城市活力的象征，同时也可以看作城市内部空间的建筑性地标，其在城市空间具有重要的价值作用。大连市作为中国东北地区重要的港口城市，具有重要的地理位置和历史性价值，因此，本章以大连市中山区、沙河口区、西岗区、甘井子区中的48个城市广场作为研究对象，以遥感影像数据、调查问卷、空间统计数据及社会经济等属性数据为数据基础，在前人研究的基础上结合人居环境视角来确定广场的分类评价指标，构建基于人居环境视角下的城市广场综合分类指标体系，最终借助主成分分析与聚类分析方法来研究城市广场的服务范围、空间分布及其功能类型，探讨大连广场在空间上的分布情况及其演变机理，以期为该城市广场未来的科学改善与规划提供一定的价值参考。

第一节
城市广场分类评价指标体系

一、分类指标体系构建原则

本章旨在构建一套完整的城市广场综合分类体系，对其服务功能、服务范围进行综合研究，以期为广场的合理规划、建设及可持续发展提供一定的价值参考。由于城市广场是一个复杂功能系统，涉及众多影响因素，本章在结合前人研究的基础上，采用主观和客观两种评价方法，研究大连市主城区 48 个广场的综合评价结果。其中，本章中的部分数据是以调查问卷的形式获取，考虑到广场的最终评价结果的精确性，因此评价指标的遴选不仅要充分体现客观性、可靠性等原则，本章在数据的采集过程中还遵循以下的几种原则[158]。

1. 统一性原则

城市规划建设过程中为丰富居民的社会文化生活、提高生活服务质量，相继建成不同类型的广场。为保证数据的获取不受主观评价因素的干扰，需有针对性地选取指标因素，采取统一的标准对城市广场进行综合划分，从而力求保证最终评价结果的客观性、公平性。

2. 综合性原则

基于人居环境视角下的城市广场的综合分类体系，涉及的内容层次繁多，因此，本文采用了系统论的方法进行描述，整个体系包含5个系统，由13个准则层以及28个指标层组成。其中，评价体系中准则层分别为生态环境、自然景观、居民构成、心理指数、安全系统、文化程度、保障系统、教育文化、住宅系统、运动健身、城市医疗、商业服务及城市交通。综合影响广场的各类要素，使得研究结果在一定程度上能够反映出城市广场的综合现状情况及综合服务价值。

3. 以人为本原则

基于人居环境视角的城市广场综合指标的构建主要是以人居环境建设需求为出发点，以人居活动为主题。为保证文章最终研究结果更加趋向合理化，指标在选取过程中更趋向于居民的生活追求及综合素质等众多因素，并坚持以人为本的本质要求，从居民实际的生活需求出发。

4. 动态性原则

城市人居环境建设是一个动态发展的复杂过程，因此，在选取指标时，需要重点考虑指标的动态性、可更新性。由于广场的服务功能及范围程度不一，因此要综合考虑其阶段性和历史局限性的因素，使得构建的基于人居环境视角下的广场综合评价体系能够在一定程度上反映出广场的现实情况。

二、城市广场分类指标体系构建

在充分了解和分析居民对于广场的判断的同时，还需要进一步分析和评价城市广场周围的客观实体环境状况，选取能够准确表述依据城市的现状和问题的指标，这对于广场的综合分类具有重要的价值意义。因此，只有将人居环境视角下城市广场的主观评价和客观评价指标进行有效的规整结合，以此来建立一套统一的指标体系，才能准确地描述城市广场的功能类型的分类、存在的问题及今后发展[159]。因此，本章基于上述的指标构建原则，并结合当前国内外学者们在人居环境这一视角的学术成果，同时基于大连城市广场的具体特性和与居民生活中密切关联的要素，结合定性与定量分析方法，在五大评价系统中，选取28项与人居环境相关的广场评价指标，构建基于人居环境视角下的城市广场综合分类指标体系，具体如表2-1所示。

表2-1　大连城市广场人居环境系统综合指标体系

目标层	准则层	指标层
自然系统	生态环境	人均公共绿地面积（年鉴、矢量数据）
		绿化覆盖率（矢量数据）
	自然景观	风景名胜区数量（矢量数据）
		临山、临海距离（矢量数据）
人类系统	居民构成	学历（问卷调查）
		家庭构成（问卷调查）
		年龄（问卷调查）
	心理指数	归属感（问卷调查）
		幸福感（问卷调查）
		安全感（问卷调查）
社会系统	安全系统	治安管理情况（问卷调查）
		派出所 （矢量数据）
	文化程度	文化活动场所数量
		文化生活水平（问卷调查）
	保障系统	就业情况（问卷调查）
		休闲娱乐便利度（问卷调查）
居住系统	教育文化	学校、培训机构数量（矢量数据）
	住宅系统	房屋新旧程度（问卷调查）
		土地价格（网络社会经济数据）
		容积率（矢量数据）
	运动健身	运动设施数量（矢量数据）
		运动场地数量（矢量数据）
支撑系统	城市医疗	医院、社区服务中心、药店数量（矢量数据）
	商业服务	电影院、餐厅、咖啡馆、酒吧、KTV 数量（矢量数据）
		基本生活成本（菜、水果、粮、油）（问卷调查）
	城市交通	居民公交通勤情况（问卷调查）
		公交站、地铁站数量（矢量数据）
		停车便利度（问卷调查）

第二节 研究方法

本章采用的主要研究方法简述如下。

一、主成分分析方法

主成分分析法旨在利用降维思想将研究对象中的多个变量通过线性变换转化为几个综合变量的过程，即将具有一定相关性的众多变量，重新化简成新的无相关性的一组综合指标的过程，在实际问题中已得到广泛地应用。

设 X 为 P 随机向量，其协方差阵为 $E(XX')=\Sigma$。设 Σ 的 P 个特征由大至小排列为：$\lambda_1 \geqslant \lambda_2 \geqslant \lambda_3 \geqslant \lambda_p \geqslant 0$

则 X 的第 i 个主成分系统向量 L_i 是第 i 个特征 λ_i 所对应的正则化特征向量（$i=1,2, \cdots, p$）。称 $\lambda_k\left(\sum_{i=1}^{p}\lambda_i\right)^{-1}$ 为第 k 主成分 Z_k 的方差贡献率；称 $\left(\sum_{i=1}^{k}\lambda_i\right)\left(\sum_{i=1}^{p}\lambda_i\right)^{-1}$ 为前 K 个主成分的累计方差贡献率。主成分分析方法的实际应用过程如下：

（1）评价对象指标的量化统计处理，即数据的收集与统计研究对象的变量，收集数据。

（2）数据的标准化处理过程，其目的是消除量纲，计算公式如下所示：当指标数值越大，系统评价越好，即式（2-1）：

$$r_{ij}=\frac{x_{ij}-\min x_{ij}}{\max x_{ij}-\min x_{ij}} \tag{2-1}$$

当指标值越小，系统的评价越好，即式（2-2）：

$$r_{ij}=\frac{\max x_{ij}-x_{ij}}{\max x_{ij}-\min x_{ij}} \tag{2-2}$$

（3）对标准化后的数据求相关系数矩阵，如式（2-3）：

$$R=\begin{bmatrix} r_{11} & r_{12} & \cdots & r_{1p} \\ r_{21} & r_{22} & \cdots & r_{2p} \\ \vdots & \vdots & \vdots & \vdots \\ r_{n1} & r_{n2} & \cdots & r_{np} \end{bmatrix} \tag{2-3}$$

（4）主成分因子的提取、各主成分因子的贡献率和累计贡献率的计算。

（5）基于提取的特征值、载荷矩阵来求得研究对象中各主成分因子的得分以及综合得分过程。

二、聚类分析法

聚类分析是一种基于研究的对象特征使其按照一定的标准对其进行综合评价分类的方法过程，在一定程度上能够保证所划分的对象具有较高的相关性。目前，聚类分析在科学研究和实际生产实践中已具有一定的应用价值，并得到了推广。聚类分析按照其对象的不同，一般可分为样本聚类分析（Q 型聚类）和变量聚类分析（R 型聚类）两种。同时，不同的聚类分析过程其具体的方法的不同，因此也可将其分为快速聚类、分层聚类及两阶段聚类。

本章为进行广场类型的综合分类，利用分层聚类方法研究城市广场类型的划分。分层聚类又称系统聚类，该方法的主要思路是，首先将每一个研究个体当作一个类别，其次对相关性程度最高的两个类别进行整合，从而形成一个新类别，最后再将该类与其他相关性程度最高的类别进行合并，依次不断地重复此合并的过程，直到所有的研究个体统一归为一个类别。聚类分析的过程要保证不同的组间要具有一定的差异，其中个体间的差异性程度通常用距离代替。样本间的距离含有不同的方法，同时类与类之间的距离也存在着各种定义及方法，不同的距离方法就会产生不同的聚类方法。

欧式距离指的是两个个体之间变量差值平方之和的平方根，欧氏距离的数学定义如公式（2–4）所示：

$$d_{xy}=\sqrt{\sum_{i=1}^{n}\left(x_i-y_i\right)^2} \tag{2-4}$$

明可夫斯基距离指的是两个个体之间的变量差值的 K 次方之和的 K 次方根，明可夫斯基距离的数学定义公式如式（2–5）所示：

$$d_{xy}=\sqrt[k]{\sum_{i=1}^{n}\left(x_i-y_i\right)^k} \tag{2-5}$$

系统聚类分析过程，一般包含如下几个步骤：

（1）选择描述事物对象的指标。要求选择的指标既要能全面地反映对象性质的各个方面，又要使不同变量反映的对象性质有所差异。

（2）聚类样本矩阵的创建。

（3）数据的标准化处理。即对不同单位的数据进行标准化处理，从而消除量纲，确保最终结果的准确性。

（4）聚类分析过程中距离方法及聚类方法的确定。

第三节
研究过程与结果

一、数据来源与处理

（一）数据来源

为充分分析和研究城市广场的分类、特征和现状等问题，需要获取评价城市广场的客观和主观两大部分的基础数据。其中，主观数据的获取，主要是采用问卷调查的形式，调查和了解居民对城市广场中各指标的满意度。客观数据的获取，主要是利用GIS（地理信息系统）技术对大连市国土资源和房屋局、大连市规划局、Google Earth、百度地图等数据进行收集并统一处理得来，具体说明如下。

1. 调查问卷的获取

问卷调研的主要目的是了解不同属性特征的城市居民如何看待城市广场的现状问题，具体目标包含：居民对于广场整体人居环境水平的认可程度，居民对于反映城市广场指标的综合评价。根据构建的基于人居环境视角下的城市广场综合分类指标体系，对其五大系统中的十三个准则层中的调查问卷数据进行统计（表2-2、表2-3），如学历、家庭构成、年龄、归属感、幸福感、安全感、治安管理情况、文化生活水平、就业情况、休闲娱乐便利度、房屋新旧程度、居民公交通勤情况及停车便利度。旨在系统地了解居民对于广场的全方位、多视角的认知及满意程度。

调研对象主要是大连常住居民，不包含短期停留或游客、短期务工等 群体。之所以这样界定，是考虑到只有在大连城市稳定居住过一定时间，才能对其周围居住、生活环境有一定的熟悉、了解及认识。因此，对这些人群的调查，才能反映出城市广场的状况，才能具有一定的可信度及价值参考。其中，调查问卷的方式主要采用抽样调查，具体有分层抽样、等距随机抽样等多种抽样方法相结合的调查方法，其主要目的是进一步确保调查数据可靠性、准确性、代表性和广泛性等。

表2-2 城市广场调查问卷情况

类别	项目		评价内容		
居民构成	学历	初中及以下	高中	大学、大专	研究生及以上
	家庭构成	单身	两口之家	三口之家	四口及以上
	年龄	30 岁以下	30~39 岁	40~49 岁	50 岁以上
心理指数	归属感	满意	一般	差	很差
	幸福感	满意	一般	差	很差
	安全感	满意	一般	差	很差
安全系统	治安管理情况	满意	一般	差	很差
文化程度	文化生活水平	高	一般	差	很差
保障系统	就业情况	好	一般	差	很差
	休闲娱乐便利度	方便	一般	差	很差
住宅系统	房屋新旧程度	1990 年前	1990~1999 年	2000~2010 年	2010 年之后
城市交通	居民公交通勤	方便	一般	差	很差
	停车便利度	方便	一般	差	很差

表2-3 城市各广场调查问卷属性特征统计

项目	类型	所占比例（%）	项目	类型	所占比例（%）
性别	男	50	年龄	30 岁以下	30
	女	50		30~49 岁	50
				50 岁以上	20
学历	初中及以下	10	家庭构成	单身	15
	高中	30		两口之家	30
	大学大专	50		三口之家	40
	研究生及以上	10		四口及以上	15

同时，为保证本次调查问卷数据的准确性，在48个城市广场共发放了5200份调查问卷（表2-2），即平均每个广场发放约108份调查问卷。为保证数据的精确性及可行性，对广场周边的社区采用等距随机抽样，并针对调查对象的性别、年龄及区域进行一定的统计划分，因此可以看出该调查问卷具有足够的代表性和价值。根据收回的问卷及剔除无效的问卷，调查问卷的总有效率为81.4%。由表2-3可以看出，调查对象主要集中于大学大专学历、年龄30~49岁的三口之家。

2. 客观数据的获取

鉴于人居环境视角下城市广场的综合分类是一个复杂的过程，笔者基于构建的广场分类指标体系，对城市广场服务功能、类型、范围进行一定的分析研究。为体现评价指标体系的客观性，本书中所需的数据资源，包含遥感影像数据、矢量数据（容积率、绿地覆盖率、交通站点、学校点、建筑密度、派出所站点、景点等）及社会统计数据等，分别来自中国科学计算机网络信息中心、大连市国土资源和房屋局、大连市规划局，详见表2-4。

表2-4　客观数据说明与来源

数据类型	数据特征	数据来源
遥感影像	Landsat5 TM、DEM 影像数据	中国科学计算机网络信息中心（http://www.gscloud.cn/）
建筑数据	容积率、建筑密度	大连市国土资源和房屋局
用地现状	绿地面积、绿化覆盖率	大连市国土资源和房屋局
交通网数据	主要包含铁路、地铁、高铁、城市不同等级道路、城市交通设施（公交站点、地铁站点）	大连市规划局
人口分布	各街道人口数量、年龄、人口密度等数据	六次人口普查数据（1953年、1964年、1982年、1990年、2000年、2010年）
服务设施	学校点、医疗设施点、餐饮设施点、娱乐设施等	Google Earth 影像及科研项目购买
社会统计数据	人口密度、房价	大连市国土资源和房屋局
行政区划数据	国家、省、市、县、街道数据	大连市国土资源和房屋局
城市规划数据	大连市城市总体规划（2010 ~ 2020年）	大连市国土资源和房屋局、大连市规划局

（二）数据处理

1. 数据的预处理

本章所需的数据具有多时相、多类型的特点，因此需要经过一系列的处理才能被进一步使用。为尽可能地确保各类型数据在空间上的准确性，选择投影坐标系（西安80）Xian_1980_3_Degree_GK_CM_123E 作为该研究区的平面空间参考系。同时，对于不同源矢量和栅格数据进行了统一的操作，如几何校正、裁剪、拓扑等操作，从而使其具有相同的空间参考系以便于后续研究分析。

2. 指标权重的确定及数据量化处理

广场评价数据包含调查问卷及空间统计等数据，为进一步探讨基于人居环境的城市广场综合分类评价，对本章中收集的诸多变量进行了一定的量化处理。其中，针对问卷调查的数据，首先对有效问卷进行统计整理，根据城市居民对广场的满意程度（好、一般、差、较差）所占的人口比例进行统一的数据赋值处理，其赋值范围分别为 1 分、3 分、5 分、7 分。同时，对于指标系统中的其他社会经济数据、空间矢量等统计数据，按照等间距划分原则进行统一处理，最后对该变量的不同区间中的广场进行赋值，其赋值范围与问卷调查形式的取值范围相同（1 分、3 分、5 分、7 分），详见表 2–5。

考虑到选取的指标众多，为进一步化简运算流程，便于后续的计算评价，对指标层进行赋权重处理。其中，当准则层包含两个指标的情况，认为各指标对于准则层具有相等的重要性，如生态环境、自然景观、安全系统、文化程度及保障程度等，设其权重分别为 0.5。而当准则层包含三个指标时，考虑到不同指标对于准则层的影响程度不一，采用 AHP 法对各指标进行权重赋值，具体结果详见表 2–5。

表2-5 指标体系权重与量化处理

准则层	指标层	权重	指标的量化
1. 生态环境	人均公共绿地面积	0.500	绿地面积 $0.5km^2$ 以下（1 分）、$0.5\sim1km^2$（3 分）、$1\sim2km^2$（5 分）、大于 $2km^2$（7 分）
	绿化覆盖率	0.500	绿地覆盖率 20% 以下（1 分）、20%~40%（3 分）、40%~70%（5 分）、大于 70%（7 分）
2. 自然景观	风景名胜区数（矢量）	0.500	5 个以下（1 分）、5~10 个（3 分）、10~20 个（5 分）、大于 20 个（7 分）
	临山、临海距离	0.500	广场距离最近海滨和山的距离 0.5km 内（7 分）、1km（5 分）、2km（3 分）、5km（1 分）
3. 居民构成	学历	0.539	初中及初中以下（1 分）、高中（3 分）、本科及大专（5 分）、研究生及以上（7 分）
	家庭构成	0.164	单身（1 分）、两口之家（3 分）、三口之家（5 分）、四口及以上（7 分）
	老龄化程度	0.297	10% 或以下（1 分）、高于 10%（3 分）、高于 20%（5 分）、高于 30%（7 分）
4. 心理指数	归属感	0.411	很差（1 分）、差（3 分）、一般（5 分）、好（7 分）
	幸福感	0.261	很差（1 分）、差（3 分）、一般（5 分）、好（7 分）
	安全感	0.328	很差（1 分）、差（3 分）、一般（5 分）、好（7 分）
5. 安全系统	治安管理情况	0.500	很差（1 分）、差（3 分）、一般（5 分）、好（7 分）
	派出所（矢量）	0.500	小于或等于 1 个（1 分）、1~2 个（3 分）、2~3 个（5 分）、大于 3 个（7 分）
6. 文化程度	文化活动场所情况	0.500	很差（1 分）、差（3 分）、一般（5 分）、好（7 分）
	文化生活水平	0.500	很差（1 分）、差（3 分）、一般（5 分）、好（7 分）
7. 保障系统	就业情况	0.500	很差（1 分）、差（3 分）、一般（5 分）、好（7 分）
	休闲娱乐便利度	0.500	很差（1 分）、差（3 分）、一般（5 分）、好（7 分）
8. 教育文化	范围内学校、培训机构数量	1.000	数量小于 5 个（1 分）、5~10 个（3 分）、10~20 个（5 分）、大于 20 个(7 分)

续表

准则层	指标层	权重	指标的量化
9. 住宅系统	房屋新旧程度	0.164	很差（1分）、差（3分）、一般（5分）、好（7分）
	土地价格网	0.539	房价小于0.8万元（1分）、0.8万~1万元（3分）、1万~1.5万元（5分）、大于1.5万元（7分）
	容积率	0.297	小于2（1分）、大于2以上（3分）、大于3以上（5分）、大于5以上（7分）
10. 运动健身	运动设施数量	0.500	10个以下（1分）、10个以上（3分）、30个以上（5分）、50个以上（7分）
	运动场地数量	0.500	3个以下（1分）、3个以上（3分）、5个以上（5分）、10个以上（7分）
11. 城市医疗	医院、社区服务中心、药店数量	1.000	小于10个（1分）、10~20个（3分）、20~30个（5分）、大于30个（7分）
12. 商业服务	电影院、餐厅、咖啡馆、酒吧、KTV 数量	0.500	距离最近娱乐场所4km（1分）、3km（3分）、2km（5分）、1km（7分）
	基本生活成本（菜、水果、粮、油）	0.500	很差（1分）、差（3分）、一般（5分）、好（7分）
13. 城市交通	居民公交通勤情况（问卷调查）	0.197	很差（1分）、差（3分）、一般（5分）、好（7分）
	公交站、地铁站数量	0.491	距离10km公交车站数量小于100个（1分）、100~150个（3分）、150~200个（5分）、200个以上（7分）
	停车便利度	0.312	很差（1分）、差（3分）、一般（5分）、好（7分）

二、城市广场主因子及其空间特征分析

（一）城市广场主因子分析

对基于人居环境视角下的大连市主城区 48 个城市广场综合分类指标体系中的 28 个指标进行量化处理，最后借助 SPSS 20.0 软件对最后的 13 个准则层进行多元统计分析。

具体流程为：首先，以 13 个准则层量化指标为数据基准，对其进行标准化处理，从而构建数据矩阵；其次，将标准化处理后的数据利用 SPSS20.0 软件，选择【分析】【降维】【因子分析】模块，将整理好的广场数据填加进去，进行主成分分析，根据得出的结果判断其累计贡献率值，根据因子分析的结果确定主成分分析中的主成分的数目，如表 2–6 所示。

由表 2–6 可知，采用主成分分析方法得出的城市广场综合分类结果，共提取出四个主成分因子，四个主成分因子的初始特征值依次为 5.779、2.024、1.352 及 1.077，与其四个特征值相对应的初始方差贡献率分别为：44.452%、15.567%、10.400%、8.283%，初始累计方差贡献率为 78.701%。同时，根据表中计算结果求出 KMO（抽样适合性检验）值，因此，可以看出四个主成分因子在一定程度上能够反映出原始指标所提供的绝大部分信息，同时说明了在指标的选取过程中具有一定的价值和意义。

根据表 2–7 求出的载荷矩阵及特征值，来计算每个广场的四个主成分因子得分及综合得分，最后根据四个主成分得分求出广场的综合评价结果：

$$F_1=-0.143X_1+0.049X_2+0.142X_3-0.039X_4+0.343X_5+0.042X_6+0.247X_7+0.370X_8-0.369X_9+0.385X_{10}+0.360X_{11}+0.350X_{12}+0.318X_{13}$$

$$F_2=-0.164X_1+0.303X_2+0.377X_3-0.449X_4-0.074X_5+0.417X_6+0.424X_7-0.149X_8-0.149X_9-0.044X_{10}-0.185X_{11}+0.185X_{12}-0.245X_{13}$$

$$F_3=0.273X_1+0.585X_2-0.375X_3+0.407X_4+0.245X_5+0.300X_6-0.049X_7-0.047X_8-0.098X_9+0.151X_{10}-0.002X_{11}+0.184X_{12}-0.230X_{13}$$

表2-6 人居环境视角下的广场综合评价（主成分分析）

成分	初始特征值			提取平方			旋转平方		
	合计	方差贡献率（%）	累积方差贡献率（%）	合计	方差贡献率（%）	累积方差贡献率（%）	合计	方差贡献率（%）	累积方差贡献率（%）
1	5.779	44.452	44.452	5.779	44.452	44.452	5.398	41.522	41.522
2	2.024	15.567	60.019	2.024	15.567	60.019	1.683	12.945	54.467
3	1.352	10.400	70.419	1.352	10.400	70.419	1.635	12.580	67.047
4	1.077	8.283	78.701	1.077	8.283	78.701	1.515	11.655	78.701
5	0.803	6.176	84.877						
6	0.553	4.255	89.132						
7	0.415	3.193	92.325						
8	0.331	2.547	94.872						
9	0.243	1.868	96.740						
10	0.172	1.320	98.060						
11	0.150	1.154	99.214						
12	0.070	0.542	99.756						
13	0.032	0.244	100.000						

表2-7 广场综合评价主成分因子载荷矩阵

变量成分	第一主成分因子	第二主成分因子	第三主成分因子	第四主成分因子
生态环境（X_1）	−0.345	−0.234	0.318	**0.652**
自然景观（X_2）	0.119	**0.432**	**0.681**	−0.160
居民构成（X_3）	0.342	**0.538**	−0.437	**0.465**
心理指数（X_4）	−0.095	**−0.639**	**0.474**	0.151
安全系统（X_5）	**0.825**	−0.107	0.286	−0.125
文化程度（X_6）	0.102	**0.595**	0.350	**0.474**
保障系统（X_7）	0.594	**0.604**	−0.058	−0.171
教育文化（X_8）	**0.889**	−0.212	−0.055	0.003
住宅系统（X_9）	**0.887**	−0.212	−0.114	0.221
运动健身（X_{10}）	**0.926**	−0.063	0.176	−0.043
城市医疗（X_{11}）	**0.865**	−0.264	−0.003	−0.067
商业服务（X_{12}）	**0.842**	0.264	0.214	−0.038
城市交通（X_{13}）	**0.764**	−0.349	−0.268	0.245

$F_4=0.628X_1-0.154X_2+0.448X_3+0.145X_4-0.120X_5+0.457X_6-0.165X_7+0.003X_8-0.212X_9-0.041X_{10}-0.064X_{11}-0.036X_{12}+0.236X_{13}$

$F=0.565F_1+0.198F_2+0.132F_3+0.105F_4$

F_1 为第一主成分因子得分，F_2 为第二主成分因子得分，F_3 为第三主成分因子得分，F_4 为第四主成分因子得分，F 为四个主成分因子综合得分；X_1 ~ X_{13} 前的系数为“得分系数矩阵”数值。

依据 F1、F2、F3、F4、F 的计算公式，可得 48 个广场的四个主成分因子的得分及综合得分，最终结果如表 2-8 所示。

（二）城市广场主成分因子空间特征分析

基于城市广场的综合分类体系，将求得的大连市 48 个城市广场各主成分因子的评价得分进行整理，借助 ArcGIS 10.2 对广场的各主成分因子的得分与广场的空间位置进行连接；并使用自然间断法对其进行符号化处理，将广场的各主成分因子得分在空间上明确表示出来，以便于后续对各类型广场的空间特征进行分析研究，如图 2-1~图 2-4 所示。

1. 第一主成分因子空间分布

由表 2-6 和表 2-7 可知，第一主成分因子的特征值为 5.779，方差贡献率为 44.452%，可以看出该因子主要与七个变量有关，即安全系统、教育文化、住宅系统、运动健身、城市医疗、商业服务、城市交通，这几个载荷因子大于或等于 0.764，说明其与这七个变量呈正相关，与生态环境、心理指数呈负相关。同时，可以看出因子主要反映出广场的居住系统和支撑系统情况，可理解为该类型广场为综合性服务广场，其在空间上的分布情况如图 2-1 所示。

由第一主成分因子得分空间分布（图 2-1）可知，第一主成分因子得分较高的城市广场在空间上分布相对集中，即主要分布在大连站、青泥洼桥附近，沿着人民路和中山路、黄河路、长江路及 2 号地铁线等交通路线分布，贯穿中山区、西岗区及沙河口区，交通便利；主要位于青泥洼桥街道、天津街附近的商业中心，该地区经济发达，人口密度大，附近有众多的购物商场、酒店、高楼大厦等高层建筑，如世贸大厦、九州国际大酒店、国美等。中山广场、友好广场是主成分因子得分较高的两个具有代表性的广场，其都处于交通网的中心。其中，中山广场与民康

表2-8 广场综合评价结果（主成分分析）

广场名称	第一主成分因子F_1	第二主成分因子F_2	第三主成分因子F_3	第四主成分因子F_4	综合得分F	广场名称	第一主成分因子F_1	第二主成分因子F_2	第三主成分因子F_3	第四主成分因子F_4	综合得分F
友好广场	4.00	0.41	0.07	−0.94	2.09	西南广场	−1.62	1.11	0.31	1.09	−0.46
中山广场	3.91	−0.07	−0.29	−0.22	1.98	文苑广场	0.35	−1.81	−0.93	−1.61	−0.51
人民广场	2.28	1.76	1.23	1.40	1.91	华南广场	0.19	−2.44	−1.49	0.83	−0.53
胜利广场	3.13	0.29	0.34	0.10	1.78	学苑广场	−0.86	−0.41	−0.89	1.21	−0.54
胜利桥广场	2.07	1.30	1.96	0.77	1.75	天河广场	−1.14	−0.82	1.13	0.21	−0.56
三八广场	3.36	0.33	−0.90	−0.38	1.65	马栏广场	−0.03	−2.51	−2.09	−0.24	−0.87
奥林匹克广场	2.39	0.60	0.58	0.97	1.58	八一路广场	−1.78	−0.20	−0.38	1.14	−0.91
民主广场	2.56	1.30	0.43	−0.84	1.58	星海广场	−2.20	2.05	−0.73	−0.34	−0.91
希望广场	2.41	−0.21	1.38	0.49	1.51	数码广场	−1.50	−0.84	−1.04	1.18	−0.99
解放广场	2.20	0.36	0.78	1.14	1.49	华乐广场	−2.36	1.84	−0.91	0.01	−1.03
二七广场	2.22	0.86	−0.26	−0.12	1.28	旭日广场	−2.49	2.61	−1.06	−0.53	−1.03
东关广场	3.14	−0.99	−1.50	0.17	1.24	七星广场	−2.69	0.93	1.14	0.12	−1.04
海军广场	1.67	0.69	0.55	0.39	1.15	海洋广场	−2.23	2.25	−0.32	−2.33	−1.05
花园广场	2.06	0.91	−0.37	−0.73	1.12	迎客石广场	−2.22	−0.24	0.11	1.15	−1.07
火车站南广场	2.91	−1.03	−0.89	−0.93	1.08	虎雕广场	−2.72	2.73	0.03	−1.64	−1.08
凯旋广场	1.71	−0.06	0.87	−0.34	0.99	香周路广场	−0.74	−0.92	−2.81	−0.85	−1.12
五四广场	2.34	−1.96	1.62	−1.60	0.92	大连门广场	−1.86	−1.87	0.64	0.80	−1.15
五一广场	0.53	1.28	−0.24	0.68	0.57	山峦广场	−1.98	1.14	−1.65	−0.68	−1.16
港湾广场	1.13	0.42	−0.14	−1.65	0.47	东港音乐喷泉广场	−2.82	1.52	−1.03	0.73	−1.27
东华广场	0.74	−0.67	0.84	0.46	0.44	机场广场	−2.28	−0.29	−1.57	1.48	−1.34
求智广场	0.42	−0.50	−1.58	0.23	−0.11	周水子火车站前广场	−1.98	−2.49	−0.50	0.86	−1.52
富民广场	−0.22	−0.78	0.80	−0.12	−0.16	金湾广场	−3.41	−1.01	3.75	−1.15	−1.52
香炉礁广场	−1.26	−0.24	1.61	1.63	−0.27	石道街广场	−2.46	−2.28	0.39	−2.02	−1.91
金三角广场	−1.19	−0.17	0.89	1.60	−0.33	后盐广场	−3.66	−1.86	2.13	−1.57	−2.13

街、中山路、玉光街、延安街、解放街、鲁迅路、七一街、民生街等相接，友好广场与普照街、友好路、一德街、向前街相邻，为城市居民的日常出行提高了众多便利，同时也为居民提供了众多的购物、休闲活动。总体来说，该主成分因子得分较高的广场在空间上分布呈聚集状态，得分较低的广场在空间分布上呈零散状态，且集中分布在滨海路附近、星海广场附近及甘井子区北部地区。第一主成分因子得分较高的广场有友好广场、中山广场、三八广场、人民广场、胜利广场、火车站南广场等。

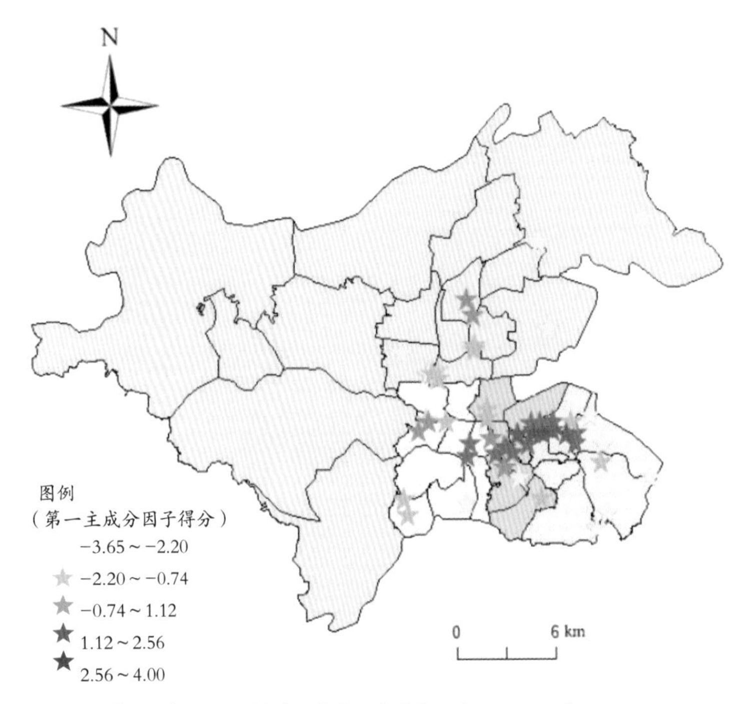

图2-1　广场第一主成分因子得分空间分布 / 审图号：辽BS[2022]11号

2. 第二主成分因子空间分布

由表 2-6 和表 2-7 可知，第二主成分因子的特征值为 2.024，方差贡献率为 15.567%。该主成分因子主要与居民构成、文化程度及保障系统等呈正相关，与心理指数、生态环境、安全系统、城市医疗等呈负相关，其在空间上的分布为图 2-2 所示。

从图 2-2 中可以看出，第二主成分因子得分较高的城市广场在空间上分布呈零散状态，且与海洋和风景旅游区域相邻，其占地面积广泛，多分布在中山区、沙河口区及西岗区。例如，位于棒棰岛宾馆风景区、海之韵公园附近且与滨海北路相邻的旭日广场，滨海东路和海洋巷附近的海洋广场，老虎滩海洋公园和滨海中路附近的虎雕广场，大连国际会议中心附近的东港音乐喷泉广场，以及亚洲最大、具有一定纪念意义、拥有众多娱乐场所的星海广场。这些广场所处的地理位置具有远离城市中心、与海边和风景旅游景区相邻等特点，是本市众多居民周末及假期休闲娱乐场所的首选位置。而该主成分因子得分较低的城市广场在空间上分布多集中分布在甘井子区附近，具有距离海边较远、经济发展较慢、人口密度小等特征。第二主成分因子得分较高的广场有星海广场、虎雕广场、旭日广场、海洋广场等。

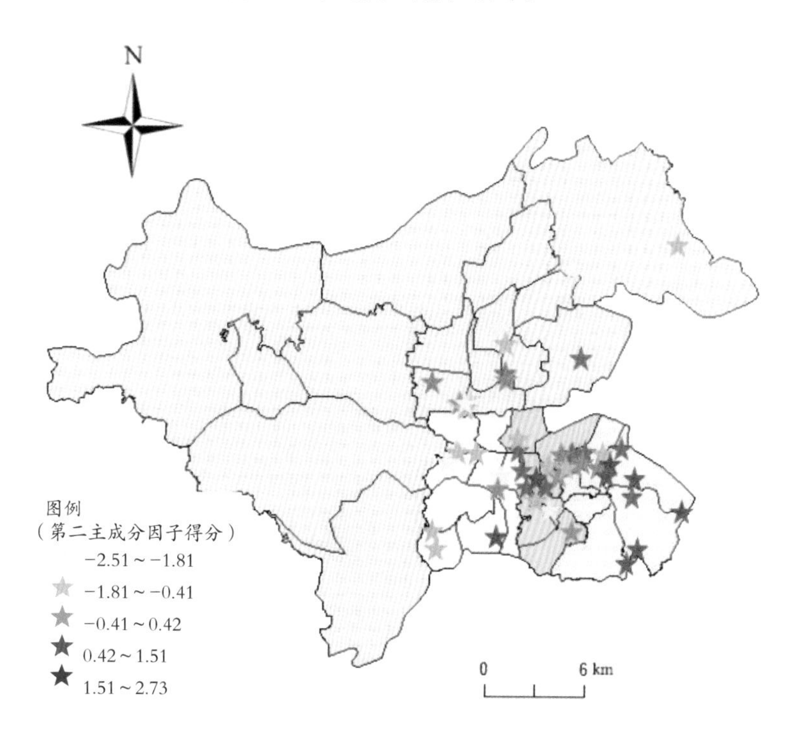

图2-2　广场第二主成分因子得分空间分布 / 审图号：辽BS[2022]12号

3. 第三主成分因子空间分布

由表 2-6 和表 2-7 可知，第三主成分因子的特征值为 1.352，其方差贡献率为 10.400%。该因子主要与自然景观、文化程度、商业服务等变量呈正相关关系，与居民构成、教育文化、住宅系统、城市交通、城市医疗等变量呈负相关，其在空间上的分布情况，如图 2-3 所示。

从图 2-3 可以看出，第三主成分因子得分较高的城市广场大多位于城市内部地区，如西岗区及沙河口区的中部地区，即中山公园附近、香炉礁附近及大连市政府和西岗区政府附近。例如，位于西安路附近及 1 号地铁与 2 号地铁交叉地区的五四广场，金海花园和东北快速路附近的香炉礁广场，以及甘井子区北部较偏远的大连湾附近的金湾广场和后盐广场。得分较低的广场在空间上分布呈零散状态，特征表现不太显著。第三主成分因子得分高的广场有香炉礁广场、迎客石广场、希望广场、胜利桥广场等。

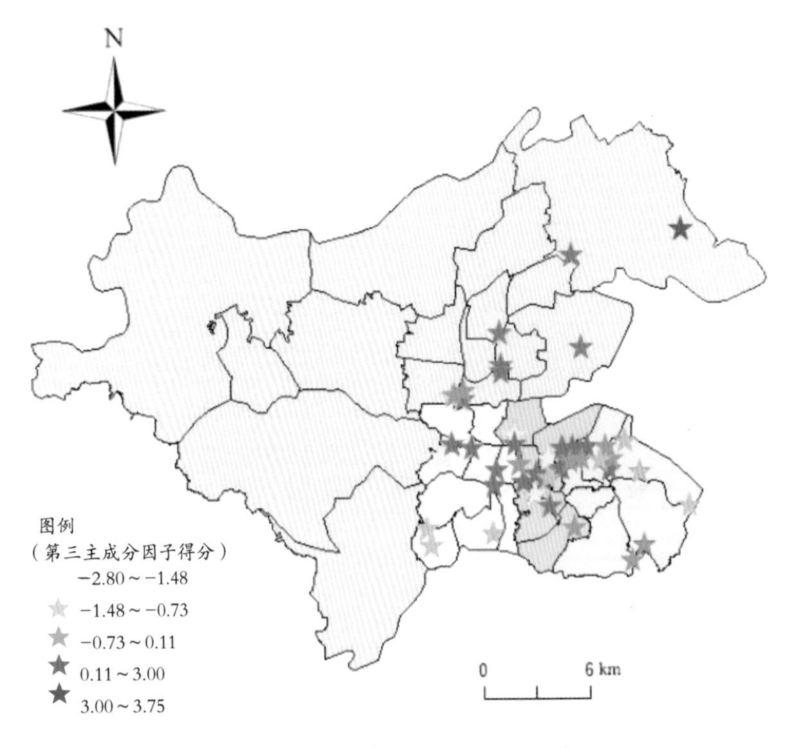

图2-3　广场第三主成分因子得分空间分布 / 审图号：辽BS[2022]13号

4. 第四主成分因子

由表2-6和表2-7可知，第四主成分因子的特征值为1.077，方差贡献率为8.283%。该主成分因子主要与生态环境、心理指数呈正相关，与自然景观、安全系统、保障系统、城市医疗、商业服务等变量呈负相关，其空间分布情况如图2-4所示。

从图2-4可以看出，第四主成分因子得分较高的广场在空间上主要集中分布在甘井子区、西岗区及沙河口区，中山区得分较低。具体位置包含三个范围：西南路与东联路附近的金三角桥附近，该地区房价较低；位于西尖山公园和东北财经大学附近的学苑广场；2号地铁附近的奥林匹克广场及人民广场附近，该地区交通较便利、经济发展较好，适宜居住。依据主成分得分取值，可知得分较高的有香炉礁广场、金三角广场、机场广场、人民广场、学苑广场等，得分较低的有港湾广场、石道街广场、海洋广场等。

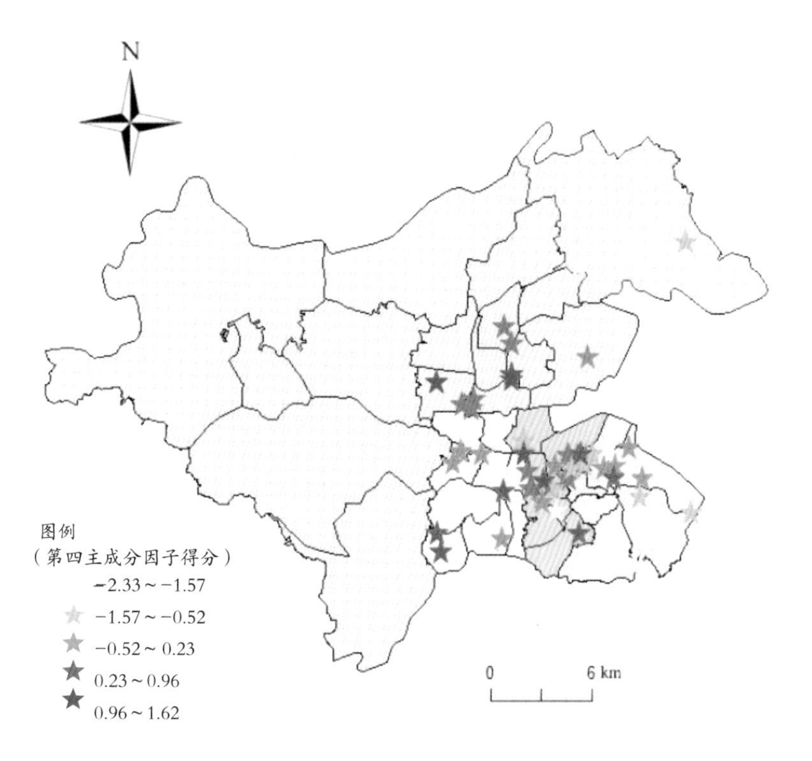

图2-4 广场第四主成分因子得分空间分布 / 审图号：辽BS[2022]14号

第四节
各类城市广场的空间分布

以中山区、沙河口区、西岗区、甘井子区 48 个广场四个主成分因子的得分为数据矩阵，运用 SPSS20.0 软件中聚类分析方法对其进行类型划分。采用系统聚类分析方法，距离测度应用平方欧式距离，最终结果如图 2-5 所示。

结合图 2-5 中的聚类分析树形图，对其研究结果进行识别划分，根据结果建议将其分为四类城市广场：奥林匹克广场、解放广场、海军广场、希望广场、凯旋广场、胜利桥广场、人民广场、二七广场、花园广场、民主广场、港湾广场、五一广场、火车站南广场、东关广场、三八广场、中山广场、友好广场、胜利广场、五四广场归为一类，支撑系统指标在广场分类中占较大比例得分；海洋广场、虎雕广场、星海广场、华乐广场、旭日广场、东港音乐喷泉广场、山峦广场归为一类，自然系统在该类广场中占重要比重；马栏广场、华南广场、香周路广场、求智广场、文苑广场归为一类；金湾广场、后盐广场、周水子火车站南广场、大连门广场、石道街广场、迎客石广场、八一路广场、学苑广场、数码广场、机场广场、富民广场、天河广场、东华广场、金三角广场、香炉礁广场、七星广场、西南广场归为一类。通过聚类分析可以得知 48 个广场其内部的差异性，便于后期探讨其空间上的具体分布情况。

根据图 2-5 聚类分析树形图将 48 个广场划分成四种类型广场，为能够直观地在空间上查看其分布情况，分析其形成的机理，笔者将其在 GIS 软件上进行表达，如图 2-6 所示。

一、第一类综合型城市广场

由图 2–5 可知，第一类城市广场总共包含 19 个，有奥林匹克广场、解放广场、海军广场、希望广场、凯旋广场、胜利桥广场、人民广场、二七广场、花园广场、民主广场、港湾广场、五一广场、火车站南广场、东关广场、三八广场、中山广场、友好广场、胜利广场、五四广场。

通过表 2–9 可知，第一类城市广场其第一主成分因子均值为 2.42，且为正值，其远大于其他三个主因子的取值，该因子特征最为突出显著，从而可以充分说明此类型广场在空间上的环境特点为：交通便利，商业经济发达，医疗设施齐全，安全系统比较健全完善，能够满足居民日常生活中的绝大部分需求，因此，可给该类型城市广场命名为综合型广场。该类型城市广场多位于大连城市公共中心即老城中心，即金融、商务、商贸等经济发展水平较高地区。同时，依据表 2–9 中统计的广场主因子得分可以看出，该类型广场的其他三个主成分因子的均值相对较低，标准差都为 0.85 左右，也说明第一类城市广场的得分差异变化较小，且在自然环境、生态景观这两个因子中没有占有较大的竞争优势、条件，其特征未凸显。

由该广场在空间上分布（图 2–7）可以看出，综合型城市广场在空间分布上呈聚集分布状态，广场较多沿着人民路、中山路及 2 号地铁路线周围横穿中山区、西岗区及沙河口区，即商业区周围。其中，直接分布于地铁线站口

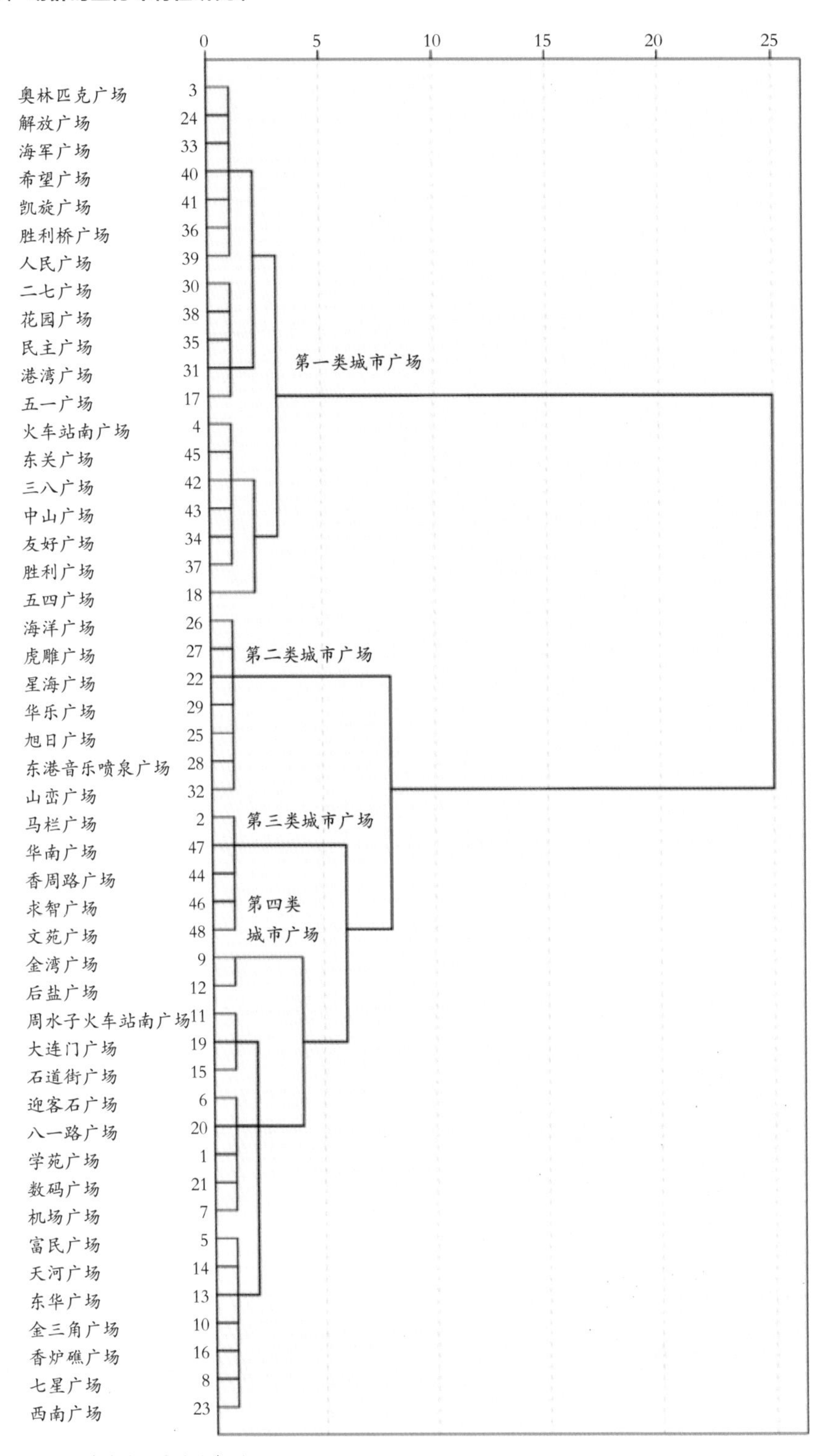

图2-5 城市广场聚类分析树形图

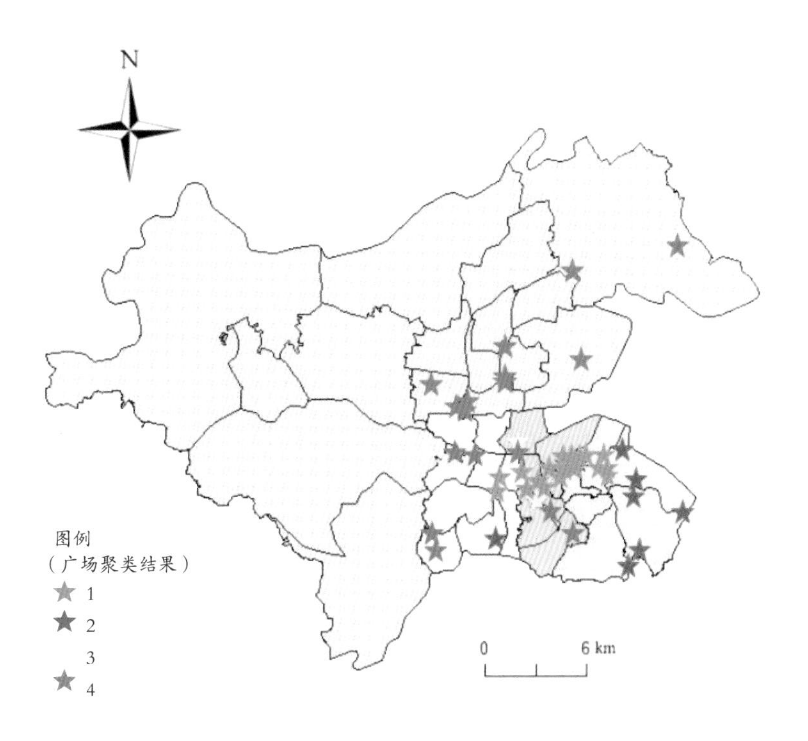

图2-6　基于人居环境视角下的城市广场分类 / 审图号：辽BS[2022]15号

表2-9　基于人居环境视角下城市广场分类统计

类别	广场数量	计量项目	第一主成分因子	第二主成分因子	第三主成分因子	第四主成分因子
第一类	19	均值	2.42	0.33	0.27	-0.09
		标准差	0.85	0.89	0.89	0.86
第二类	7	均值	-2.40	2.02	-0.81	-0.68
		标准差	0.28	0.53	0.51	0.94
第三类	5	均值	0.04	-1.64	-1.78	-0.33
		标准差	0.42	0.80	0.63	0.85
第四类	17	均值	-1.73	-0.71	0.55	0.47
		标准差	1.05	0.96	1.24	1.08

附近的广场从东部到西部，包含港湾广场、中山广场、友好广场、希望广场、人民广场等，交通便利，适宜居民日常出行。同时，还有位于长江路银座佳驿酒店附近的民主广场；大连站、长江路及胜利购物广场附近的凯旋广场、火车站南广场，附近周围拥有众多的购物场所，如购物街、大型批发市场；与鲁迅路连接的三八广场、二七广场。该类型广场多位于青泥洼桥街道和人民路街道，集中分布在商业中心附近，周围地区分布着众多高级酒店、绿化公园、购物商场、学校及其他办公服务性大厦，如大连较高的建筑中心裕景、大连日航饭店等建筑多分布其周围。

总体而言，该类型城市广场在空间上分布呈一定的“聚集”状态，多沿交通干线分布或位于多条主干道的交汇处，即交通可达性水平高；地势平缓、离海边较远，距离医院、学校较近，建筑密度和人口密度较高，即拥有良好的地形条件适宜居民居住；位于大连老城区附近，周围有众多的商业大厦、办公类用地，经济消费水平较高。因此，该类型广场在空间上能够很大程度地满足不同年龄段、性别人群对购物、逛街、美食等户外功能的需求，为城市居民的日常生活提供了众多便利服务。

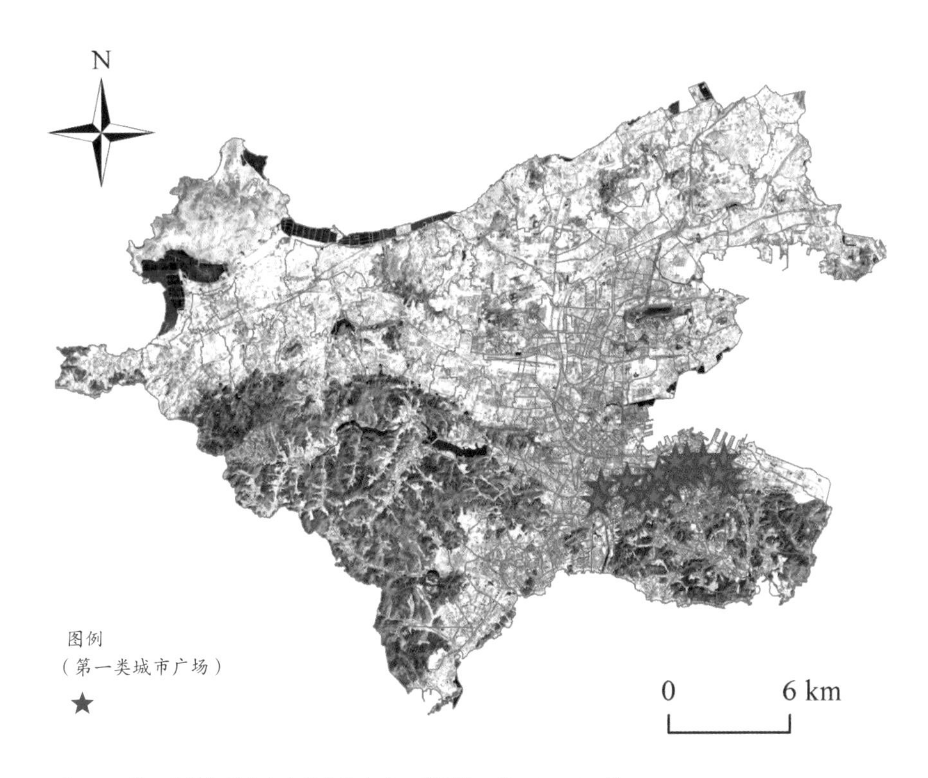

图2–7　第一类综合型城市广场空间分布 / 审图号：辽BS[2022]16号

二、第二类游憩型城市广场

由图 2–5 可知，第二类城市广场共包含 7 个，即海洋广场、虎雕广场、星海广场、华乐广场、旭日广场、东港音乐喷泉广场、山峦广场，广场在空间上的分布情况，如图 2–8 所示。

由表 2–9 可知，第二类城市广场的第一主成分因子的得分均值为 –2.40，第二主成分因子的得分均值为 2.02，第三主成分因子和第四主成分因子的得分均值为负值且较小，充分说明了该类型城市广场得分与第一主成分因子、第三主成分因子、第四主成分因子的得分均值成反比，与第二主成分因子得分均值成正比，即该类型广场拥有良好的自然景观及安全系统。

从图 2–8 中可以看出，该类型城市广场在空间上分布

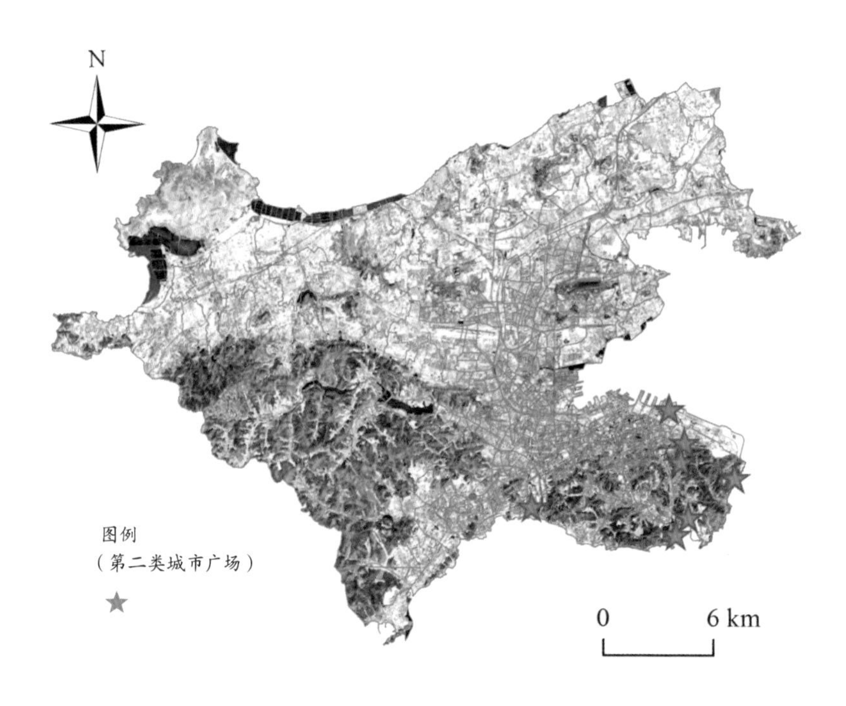

图2-8　第二类游憩型城市广场空间分布 / 审图号：辽BS[2022]17号

较为零散，广场周围临海，有喷泉、雕塑、游乐等场所，具有一定的艺术价值，因此，可将该类型城市广场命名为游憩型广场，如位于东港街道附近的东港音乐喷泉广场。近年来，大连东港街道实施改造，采取“先围后填”的形式，建立了东港商务区，这对于大连市东部地区土地的合理利用与开发具有重要的价值，该地区人口密度、建筑密度持续增加，是大连市城市扩展的重要体现。位于大连南部海滨风景区，与星海公园和星海湾相邻的星海广场。星海广场作为亚洲最大的城市广场，也是大连市标志性广场，占地面积广，容纳人口多，同时附近又具有众多的娱乐场所及雕塑建筑，如圣亚恐龙世界、圣亚极地世界、游乐场等，丰富了居民的娱乐休闲；位于滨海中路的虎雕广场、

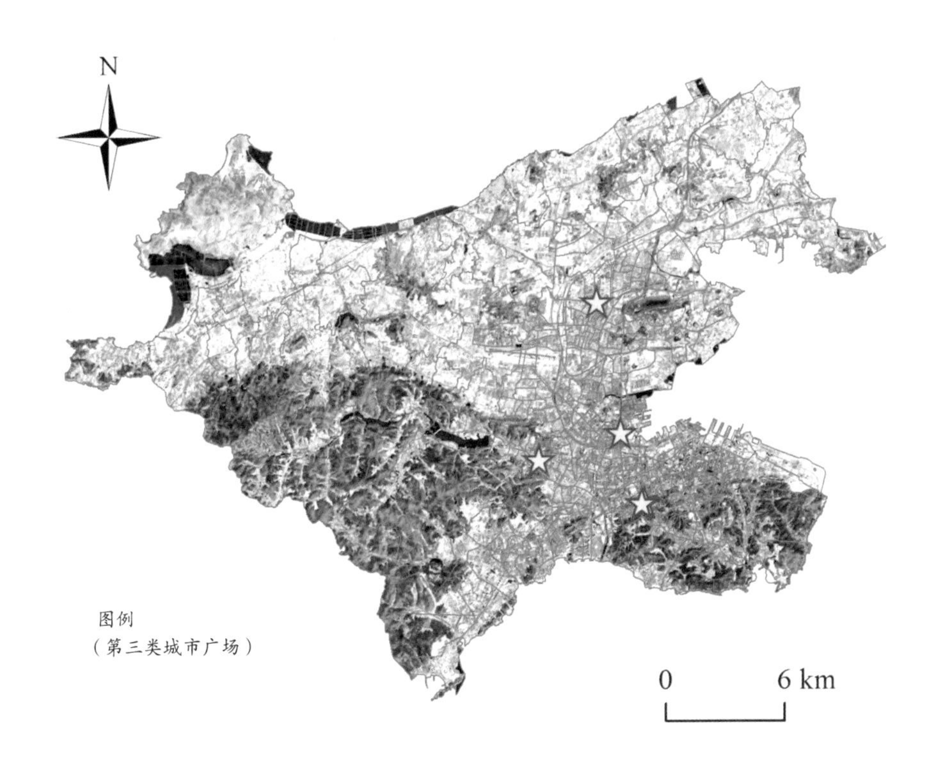

图2-9　第三类商服型城市广场空间分布 / 审图号：辽BS[2022]18号

滨海北路与棒槌岛附近的旭日广场等，自然生态景观丰富，拥有大量的绿化面积和景区公园，如金石滩神力雕塑公园、海之韵公园。总的来说，第二类城市广场在空间上分布虽然比较零散，但都临近海边和高山，景色优美，娱乐场所多分布于此，距离商业中心比较远，是集休闲、娱乐于一体，能够反映城市现代生活水平的广场，同时也是游客、常住居民观光休闲的首要选择性广场。

三、第三类商服型城市广场

由图 2-5 可知，第三类城市广场共包含 5 个，即马栏广场、华南广场、香周路广场、求智广场、文苑广场。

由表 2-9 可知，该类型城市广场得分与第一主成分因子得分均值成正比，与其他三个主成分因子得分均值成反比，且负值较大。该地区城市广场第一主成分因子得分均值虽为正值，但其取值较小，第二主成分因子、第三主成分因子得分均值及第四主成分因子得分均值为负值，且值比较小。从而说明，该类型广场在空间上自然系统较差，广场绿地面积和自然景观很少，周围交通和商业较发达。

由图 2-9 可以看出，该类型广场在空间上分布没有一定的规律，但距离社区服务范围较近，因此，将该类型城市广场命名为商服型广场。随着居民生活水平的提高，居民对于广场的功能需求更加多样，广场的建设功能越来越丰富。例如，位于香炉礁高架立交桥附近的香炉礁广场，这里交通较发达，周围多分布着市场、超市、酒楼等设施；位于沙河口区黄河路附近的马栏广场，面积较小，周围分布着众多的银行，如锦州银行、哈尔滨银行、中国工商银行、大连银行、大连农商银行、交通银行等，给居民生活提供了诸多便利；还有位于长春路的文苑广场及香周路、求智广场等。总体而言，该类型广场占地面积较小，附近周围包含众多的休闲、娱乐、购物、餐饮、建设及其他生活服务设施，在城市空间中具有重要的作用。

四、第四类交通型城市广场

由图 3–5 可知，第四类城市广场共包含 17 个，有金湾广场、后盐广场、周水子火车站南广场、大连门广场、石道街广场、迎客石广场、八一路广场、学苑广场、数码广场、机场广场、富民广场、天河广场、东华广场、金三角广场、香炉礁广场、七星广场、西南广场。

由表 3–9 可知，该类型广场第一主成分因子和第二主成分因子得分均值为负值，值分别为 –1.73 和 –0.71；第三和第四主成分因子得分均值为正值，值分别为 0.55 和 0.47，说明该类型城市广场整体得分与第一和第二主成分因子呈负相关，与第三及第四主成分因子呈正相关，且该类型广场与第一和第三主成分因子相关性要高于第二和第四主成分因子。

从图 2-10 可以看出，该类型城市广场在空间上分布比较零散，可将其划分为几个部分，如位于沙河口区南部与大连理工大学、东北财经大学等学校附近的学苑广场、数码广场；位于西岗区长春路与东部路附近的石道街广场、八一路广场；位于鼎山公园附近的大连门广场、周水子火车站南广场；位于甘井子区的后盐广场、金湾广场等。通过观察其空间上的位置情况可知，该类型广场在空间上多分布于交通枢纽站点附近，可达性水平较高。例如，位于龙安路、华北路、丹大快速铁路等附近的后盐广场，位于迎宾路附近的机场广场，位于周水北桥附近的周水子火车站南广场及天河广场、金三角等广场。总的来说，该类型广场多为交通枢纽站点、附近有众多的交通干线，交通可达性水平较高。因此，将该类型城市广场命名为交通型广场。

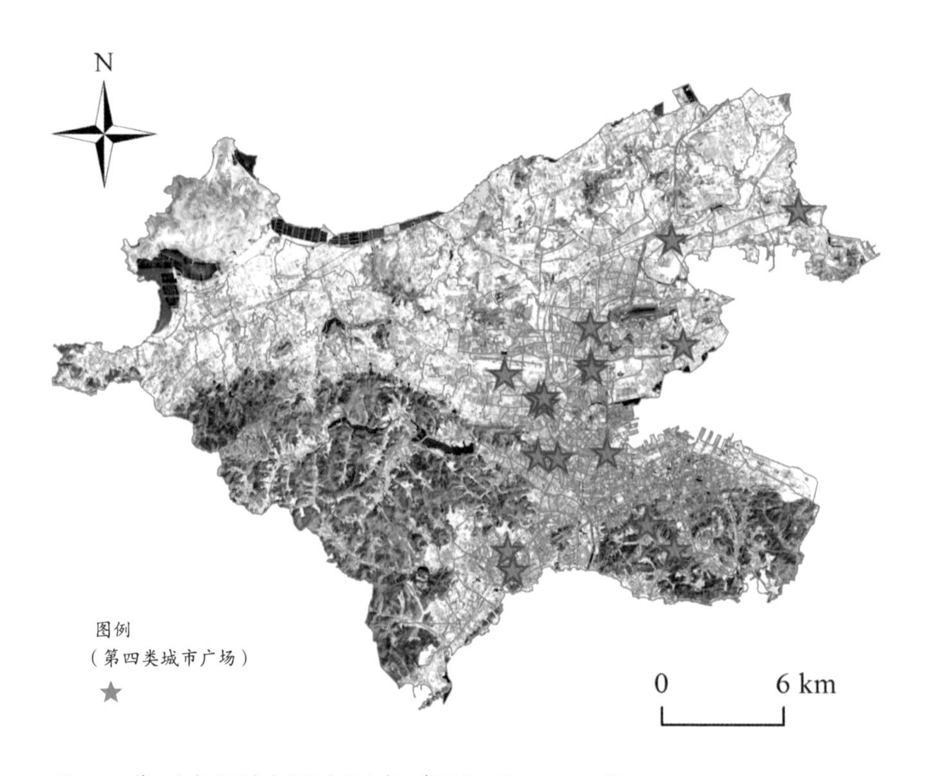

图2-10　第四类交通型城市广场空间分布 / 审图号：辽BS[2022]19号

第五节
不同类型城市广场的人居服务功能

人居环境包含自然、人类、居住、社会和支撑五大系统，城市广场作为一种小的生态系统而言，是自然系统的一部分。广场生态系统不仅包含了植物与水体的软质生态景观，还包含地形、铺装道路、园林建筑与小品的硬质生态景观。植物在城市广场中的存在主要为人工种植的各类植物，可以提供遮阴避阳、调节气候、供人观赏等生态服务功能；水体除了临近大海的广域水体之外，一般为人工的水池、喷泉、小型湖等，具有储蓄水源、吸附尘埃、提供孩童玩耍等生态服务功能；地形分为天然形成的生态景观和人工改造的地形生态景观，无论是平地还是坡地的构建、山石，还是泥土的搭配，都是考虑区域位置与自然条件所构建的，旨在城市广场设计中能更好地利用资源且达到满足人类需求的服务功能；广场道路的设计一般为自然搭配人工的铺装，目的是尽可能地满足人们游憩的需要；广场中的园林建筑与小品包括一些雕塑、文化浮雕、凉亭和一些有特殊意义的文化建筑等，可以满足人们的精神需求。广场的软质和硬质景观相互搭配，形成了城市广场生态综合体，具有人居“生态”服务功能。

社交是人与人沟通的基础手段，也是人类精神需求的一部分，亦可以说是人居环境中人类系统的一个组成部分。城市广场为人们提供了优良的社交场所，为不同的人群提供了不同的社交功能，人们常在城市广场之中看到学生讨论学习、交友、活动；情侣谈情；老人下棋等，近几年流行的“广场舞”也为人居社交提供了便利，更有在广场长椅上谈生意的合作伙伴，可以说城市广场为人居“社交”提供了诸多方便的服务功能，具有人居“社交”服务功能。

城市广场并不是一个城市的主要游憩景点，但城市广场成为城市的“会客厅”——城市广场的自然、半自然游憩资源，诸如植物、雕塑、水体等为人们游憩提供了向往；长椅、石凳等设施为人们游憩提供了暂时的休息；广场舞、演唱会、城市展览等提供了人们游憩的文化需求——这些都使得城市广场成为人们游憩的一个不可舍弃的中转站，是属于人居环境支撑系统的一部分，具有“游憩”服务功能。

城市广场还是人居环境居住系统的一部分，城市广场为人们居住提供了很多便利，广场中有生态美景，还有健身器材、休息设施等，为游玩、游戏、健身提供场所，垃圾箱、夜晚灯光照明也为周边小区提供了生活便利。另外，一些居住突发事件，如火灾、水灾、地震等，城市广场为其提供了一个逃离危险的避难之地，具有人居“居住”服务功能。

人居环境的系统非常复杂，而城市广场所提供的生态、社交、游憩和居住服务功能是人居环境所包含五大系统中的一个方面，优化城市广场的设计，尽可能地提高其人居服务功能，可以提高一个城市的人居环境建设。下面以大连市三个典型广场来举例说明。大连市广场众多，在选取典型广场时充分考虑广场位置、面积、影响力等因素，经过专家评议和大众调研，评选出了最切合本研究的三个典型广场：星海广场、人民广场和中山广场。三个典型广场分别位于大连市的三个区：沙河口区、西岗区和中山区；按规模划分为超大型广场、大型广场和中型广场。

一、典型广场主要概况

星海广场位于大连市南部海滨区，西接星海公园，北靠台山，东邻马栏河，南部直达大海，且位于星海湾商务中心区。于1996年9月开工，1997年6月竣工。广场总面积110hm^2，绿化面积85hm^2，绿化率77.3%，整体为椭圆形结构，由五角星形状、大量绿地和广场绿地及城市纪念雕塑共同组成，是大连目前为止建的广场中面积最大的。调查发现，旅游者对星海广场的使用占使用主体的大部分，绝大多数旅游者都认为星海广场是来大连旅游必去的地点之一，本地市民中对星海广场的使用人数也相对较多，现在公交方便，私家车多，节假日及下班时间都可以到星海广场游玩，尤其是星海广场周边的居民由于距离近，会更方便地到达广场。

人民广场位于大连市西岗区的市政府前，始建于1924年，时称“长者广场”，1946年改称政府广场，1949年又改称斯大林广场，1994年命名为人民广场。人民广场12.5hm^{2}的面积占据大型广场的行列，其中包括4hm^{2}草坪面积，绿化率达到32%。方形整体设计，由四个方形大草坪构成，以市政府正门道路为轴线，东西对称，东西两侧各有一处游园构成。周边以司法机构和行政机构居多，也有市政府、公安局等，位于由南北两个方向的烈士纪念塔和市政府形成的一条中轴线上，为对称格局，中山路在广场中部通过。1954年在广场正南方建苏联红军烈士纪念塔，1995年拆除广场周边的市政府、市公安局、检察院、法院的水泥围墙，建成通透的栅栏。1999年5月，迁走苏联红军烈士纪念塔，在原址建立国旗台和音乐喷泉，国旗台面积106m^2，外表采用汉白玉铺装，旗杆高度为26.5m。广场的四周安装了高杆灯4盏、水晶灯27盏。人民广场的使用主体以市民居多，也不乏旅游者来观光，因为这里还有美丽的女骑警和大型音乐喷泉，成为吸引市民游玩的重要风景线。

中山广场地处中山区繁华商业中心，建成于1899年，是在沙俄殖民时期建设的，当时叫作“尼古拉耶夫广场”，日本殖民大连后改称“大广场”，中华人民共和国成立后改称中山广场。其是经典的欧式广场，整体呈圆形放射状，四周有 10 条马路呈放射状排列。周边的建筑许多是20世纪初具有文艺复兴、罗马式等多彩风格的建筑，大多是日、俄殖民大连期间建设的，目前多数是金融机构在用，属于金融中心。1995 年，对中山广场进行全面改建。改造后，广场总体布局仍为圆形，中山广场拥有 22680m^2 的面积，168m 的直径，1.5hm^2 绿化面积，其绿化率是 66.1%。内径为 8 个小广场，外径为 4 个大花坛，广场中间铺栽草坪 15000m^2，铺装雪花白理石 5000m^2。

二、典型广场的人居服务功能

从广场地形角度来看，星海广场、人民广场和中山广场的选址均为平地，在这种地形条件下，人工构筑、人员通达和排水条件等都有明显效果，广场硬质生态服务功能得到了扩展和加强，整体性和通透性明显，三个广场的地形分别如图 2–11、图 2–12 所示。

在广场道路铺装方面，三个广场均为石材地砖铺装，道路设计方面，三个广场也同样采用道路穿插在绿地之中的设计方法，广场中心有较大面积的铺装开敞空间，这可以使人们在广场上活动的时候处在绿地的包围之中，使人们心情愉悦。在广场景观建筑方面，星海广场有大连市建市百年纪念城雕，其中包括足迹浮雕和书页台式广场及广场外围的简单雕塑（图 2–13），人民广场的景观建筑以国旗台为主要建筑景观，如图 2–14 所示。

图2–11　星海广场俯瞰图（左）中山广场俯瞰图（右）

图2-12 人民广场地形

中山广场没有突出的景观建筑，周围商业居多。但广场周围被各式各样的建筑物所包围，给人感觉比较压抑。另外如果想到达广场只有人行道，缺少过街红绿灯，给进出广场带来较大问题。星海广场被高楼包围，以商业和高档小区为主，广场面积较大，呈现半包围状态，整体较为压抑，影响视觉景观。前面两个广场均形成较压抑的低洼地势。只有人民广场视野比较开阔，有高地的视觉感，周围以政府单位居多，广场和周围建筑的比例关系较好，相较而言，其他两个广场的空间有些失调。

在水体景观方面，星海广场临近大海，具有天然的水体景观，而目前正在广场中心修建新的音乐喷泉景观，形成自然与人造水体景观的差异性。人民广场有著名的音乐喷泉，只有中山广场没有水体景观。

在广场植物方面，星海广场整体为低矮草地，包围在道路四周；人民广场除了低矮草地之外，在广场周围有较高的植物；而中山广场的设计是低矮草地之中伴有较高的植物。这些植物景观对于广场的美化，调节小气候都有重要作用，从搭配上来说中山广场更有层次感，人民广场的植物景观草坪范围较大，而又不允许人进入，所以造成了景观的浪费，星海广场在植物的搭配上缺少高大的植物遮阴避阳。

由于三个广场的面积不同，在景观设计方面都不尽相同，先总结三个广场的基础构建，如表 2-10 所示。

从表 2-10 可以看出，三个广场的地形和道路相同，但在小品景观、水体和植物构建方面有差异：从小品景观方面来讲，每个广场有各自的主体文化要素，所设计的小

图2-13　位于星海广场的大连市建市百年纪念浮雕（左）及周边的雕塑（右）

图2-14　人民广场的国旗台

品景观存在差异；从水体方面来讲，星海广场由于其自身有靠近大海的区域优势，水体的发挥比其他两个广场效果要好，因为大海是一直存在的，而人民广场的音乐喷泉并不是一直持续使用的，中山广场缺乏水体景观；从植物设计方面来讲，由于星海广场面积大，采用了普遍的低矮草地设计，人民广场和中山广场面积较前者小，使得植物的设计更加生动紧凑。

从服务功能角度来看，星海广场提供了游玩设施、便利餐饮服务，休息设施相对较少；人民广场提供了文化景观，但广场休息设施太少；相对于前两者来说，中山广场游玩和餐饮及文化景观相对较差，但提供的休息设施较多，是为周边居民提供居住服务最好的场所。

三个典型的广场，提供了生态服务功能、游憩服务功能、社交服务功能和文化服务功能。需要说明的是，每个广场虽然具有自身独有的功能，但使用主体不一定去广场只进行单一的活动，星海广场是典型的游憩广场、人民广场是市政交通综合广场、中山广场是经济服务广场，但广场所提供的人居服务功能却是多样化的，比如市民和游客可以去人民广场观看升旗仪式，他们带着社交的基础到广场游憩，因为广场提供了基础的生态服务、社交服务、文化服务，这时候广场提供了使用主体所需要的社交服务功能、游憩服务以及文化服务功能。所以说广场所提供的人居服务功能是综合性的，具体使用主体使用了广场哪些服务功能会因时间、人群而异。

表2-10　三个广场的基础构建对比

广场名称	地形	配套设施	道路	小品景观	水体	植物
星海广场	平地	椅子、垃圾桶较多	石材铺装	较多	大海、喷泉	低矮草地，面积大
人民广场	平地	较少	石材铺装	较少	喷泉	低矮草地、四周高树
中山广场	平地	无座椅、有垃圾桶	石材铺装	无特质景观	无	低矮草地与高树整体结合

第六节 小结

本章主要是以大连市主城区 48 个城市广场为例，构建了基于人居环境视角的广场综合分类指标体系，通过收集和整理广场的 13 个准则层的大量数据，充分运用主成分分析方法、聚类方法及 GIS 技术，分析主成分因子及划分的四种类型广场在空间上的分布情况，分析其空间特征规律。主要结果概括如下：

（1）构建了基于人居环境视角下的城市广场综合分类指标体系，通过统计调查问卷与整理矢量及社会经济等数据为基础，统计大连市主城区 48 个广场的评价指标，并针对各指标进行统一的量化处理。

（2）采用主成分分析方法对研究区内的广场进行分析，共提取出 4 个主成分因子，其贡献率分别为 44.452%、15.567%、10.400%、8.283%。利用 GIS 技术将广场的 4 个主成分因子得分在空间上进行显示，分析其空间分布情况，并进行一定的研究分析。

（3）基于广场的主成分分析方法求取的 4 个主成分

因子得分，采用系统聚类方法进行计算，根据系统聚类树状图可将 48 个广场分为四类：第一类综合型广场，如中山广场、人民广场、解放广场、友好广场、五四广场等；第二类游憩型广场，如大连东港音乐喷泉广场、星海广场、旭日广场、虎雕广场、海洋广场、华乐广场、山峦广场等；第三类商服型广场，如马栏广场、华南广场、香周路广场等；第四类交通型广场，如金湾广场、后盐广场、周水子火车站南广场、大连门广场、石道街广场等。利用 GIS 技术将四类广场在空间上进行表示，描述其空间特征及其分布规律。

总体而言，大连市城市广场在空间上分布具有一定分布规律，依靠山、海、湾等特征，建设具有其特色的城市广场对合理利用其城市空间、提升综合服务功能具有重要的意义价值。

通过个案研究，三个典型广场的植物构成系统为使用主体提供了生态服务功能；构建的基础设施提供了游憩服务功能；各广场的特质吸引着不同目的的人群前往进行交友约会和探讨问题等各类社交活动，提供了社交服务功能；广场的各类浮雕与纪念塔等建筑物提供了文化服务功能；同时，广场的各类服务功能都是归根到人，为人服务，为这个城市的人提供便利，具有人居服务功能。

CHAPTER

3

Chapter 3

第三章　大连市城市广场的发展历程和空间格局的演变

第一节
城市广场发展历程

一、市政功能时期

市政功能时期，是广场建设的萌芽时期（又称沙俄殖民时期，即1899～1904年）。大连于1899年3月建市，沙皇尼古拉二世指派对港口和城市的规划与建设具有经验的夫拉基米尔·萨哈罗夫为建筑事务所所长、总工程师，萨哈罗夫在赴任前就在圣彼得堡绘制出第一张城市规划图，随后，大连正式开埠称“达里尼市”（沙俄殖民时期，大连的名称）[160]。此时，城市广场具有了早期的雏形，对于城市道路的建设和布局，采用了欧洲当时盛行的形式主义（放射线、对角线、圆形广场）的规划手段。在萨哈罗夫对大连的城市规划中，设计了3个城市广场，即大市场、中国区市场、娱乐场[161]（图3-1）。

萨哈罗夫提出在几条街道汇聚的地方修建广场，即街道广场，使街道成为连接城市的核心和灵魂。这与建筑师斯科里莫夫斯基的广场设计理念截然相反，由于萨哈罗夫并没有亲自到达大连参与城市建设，而实际上是斯科里莫

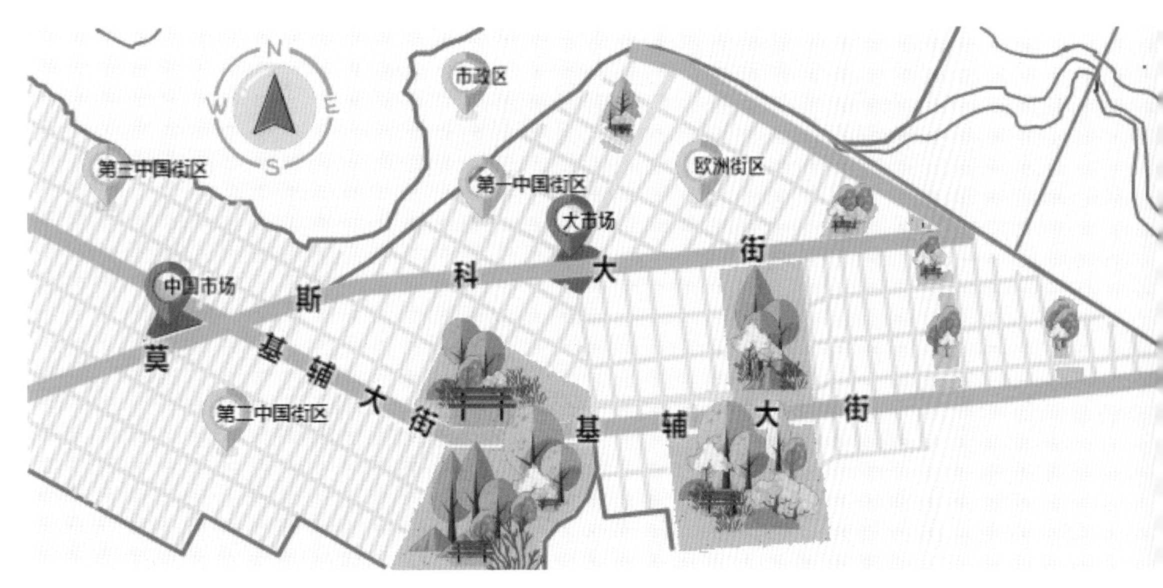

图3-1 1899年大连的城市规划示意图

资料来源：根据1899年大连湾商港、城市规划图制作。

夫斯基来到大连规划并参与修建，斯科里莫夫斯基的设计理念成为大连的核心和灵魂，采用了欧洲最盛行的广场加放射性大道的设计模式。这一观念深受巴黎城市规划改建的影响，使大连城市规划和广场设计都体现出浓郁的殖民文化气息和古典主义色彩。1899 年 8 月，斯科里莫夫斯基来到大连，在萨哈罗夫（后被沙皇任命为市长）对大连城市规划设计的基础上，斯科里莫夫斯基结合大连当地复杂的地形条件，重新设计了一份更加适合城市功能和当地地形的城市规划图（图 3–2），并承袭了萨哈罗夫的城区划分法将大连划分为欧洲人居住区、中国人居住区以及市政区。其中，市政区又被称为行政区（图 3–3），占地面积 0.436km^2，西面毗邻大连湾，东面靠近货运站和一些工厂，南部铁路桥（今胜利桥）北桥头半圆形广场为市立广场（今胜利桥—北广场，即市立广场是行政区的起点），由此两条大街和三条街道呈辐射状散开，其中工程师大街（今团结街，又称俄罗斯风情街）的尽头是行政广场，附近设有市政厅，工程师大街及其两端的行政广场和市立广场是当

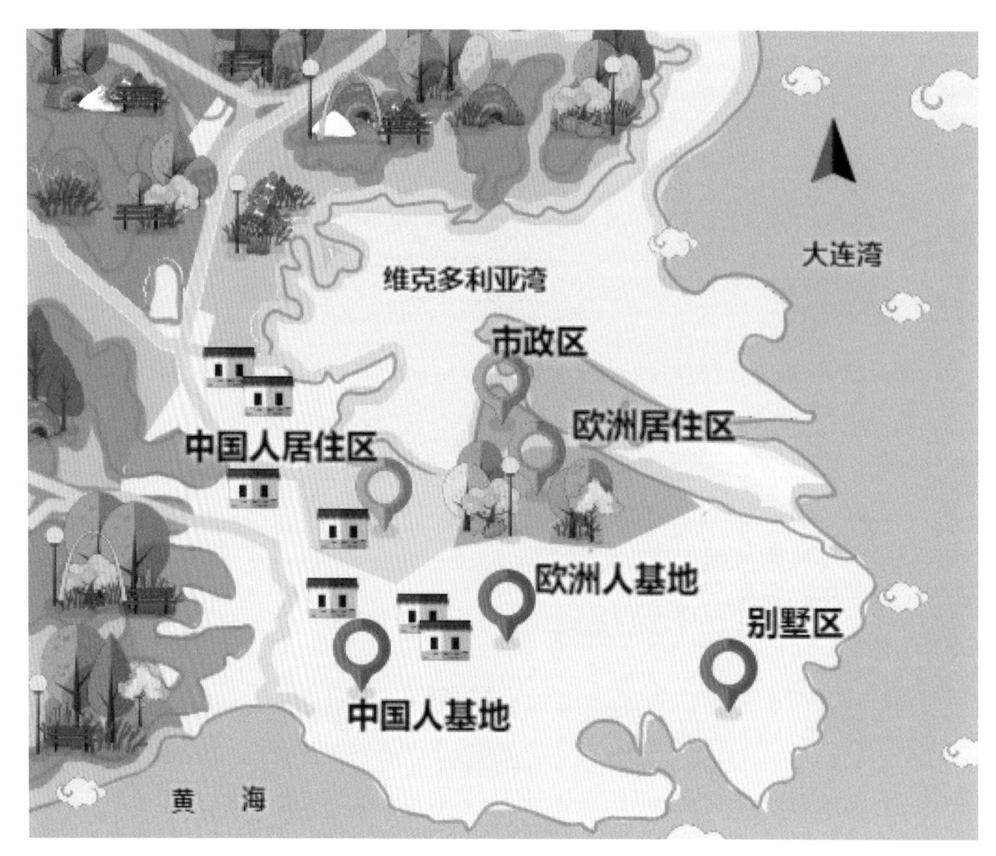

图3-2 1900年大连市城区规划示意图
资料来源：根据大连市城市建设档案馆资料绘制。

时政府举办大型活动的主要场所。此外，还规划设置了教堂、学校、公园、花园、警局和消防局等公共服务设施，因此，这个区域内的广场功能也主要是市政服务功能。

斯科里莫夫斯基采用了欧洲先进的城市规划思想，对大连的广场做出了统一的规划和部署，这也为大连今后的城市广场规划奠定了基础。斯科里莫夫斯基规划设计了 15 个广场，但是在沙俄殖民的 5 年间只建设完成了 8 个广场（图 3-4），斯科里莫夫斯基在规划广场时选定地面隆起的地方作为广场，并将这些广场彼此相连，形成一个辐射状的街道网络，所有主要道路都通往教堂、集会地、市场

图3-3　沙俄殖民时期大连市行政区示意图
资料来源：根据大连市城市建设档案馆资料绘制。

等城市公共建筑所在的广场——社会生活中心，从而使城区自然而然地形成以广场为中心的辐射状街区布局。

在这个时期，斯科里莫夫斯基对广场的设计，有着不同的城市功能，但其主要的功能还是以市政服务功能为主，并随之出现了以交通服务功能为辅的广场，但是这类广场在当时的社会环境下是各类教堂的所在地，只有位于码头的货运车站广场——东广场（今港湾广场）和市政区的客运火车站广场——市立广场（今胜利桥南、北广场）的交通功能较为突出。在对广场的设计上，整个大连的广场以尼古拉耶夫卡亚广场（今中山广场）为中心向外辐射，广

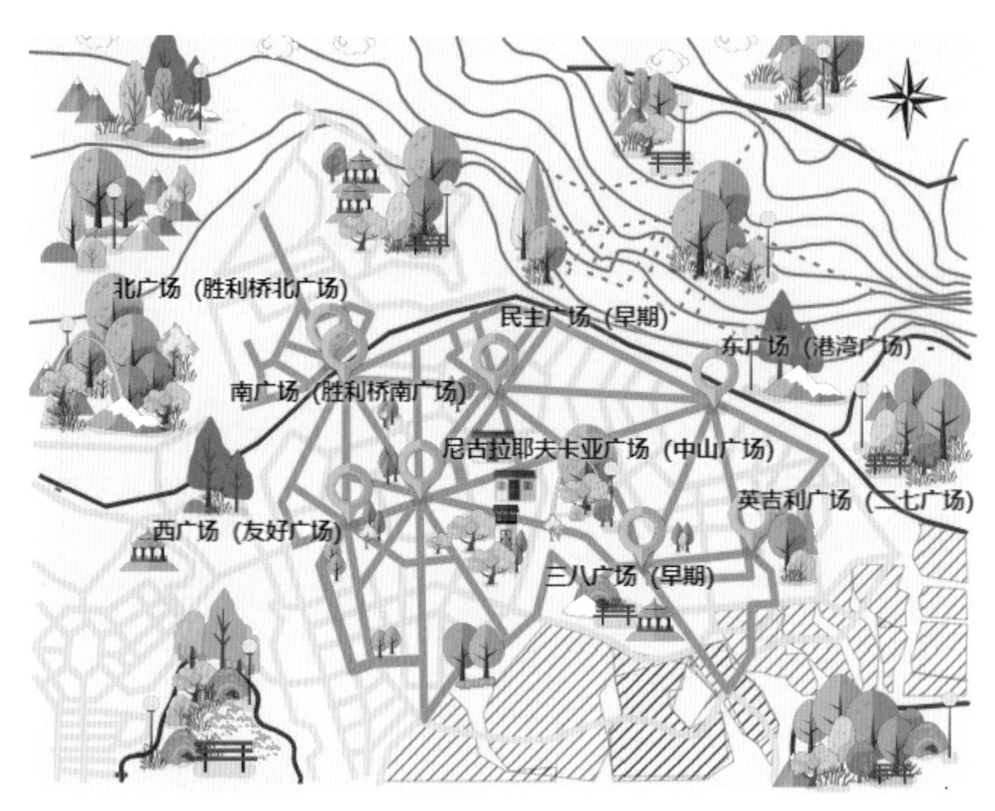

图3-4　沙俄殖民时期大连广场分布规划示意图
资料来源：根据大连市城市建设档案馆资料绘制。

场四周还规划了如文艺复兴、巴洛克等风格的具有各种功能的欧式建筑，1900 年在广场中央位置设计了城市拍卖大厅和交易所，之后又改建为一座东正教大教堂（图 3-5），成为宗教活动的场所。在其周边建设具有其他功能的广场：位于码头附近的货运火车站广场——红场和位于欧洲街区通往行政区的客运火车站广场——市立广场；在连接红场与市立广场的基辅大街与萨姆索洛夫林荫大道相交处（在 1900 年时尚未建设广场），为了疏通聚集于此处的 8 条道路和美化周边的整体艺术感，在规划图上设计了一个圆形广场（今民主广场）；在欧洲街区东部地势最高的地方，即英国花园旁修建了一座基督教堂广场——英吉利广场（今二七广场）；位于城市主街的轴线上，在欧洲人街区别墅区边沿的城市博物馆所在地修建了一座椭圆形广场（今三八广场）；在尼古拉耶夫卡亚广场（今中山广场）西部修建有一个圆形辅助广场——西广场（今友好广场）。在这一时期建设的 8 个广场，都以各自为中心向外辐射，形成放射状的多层环形道路，每个广场之间通过道路相互联系，这样就构成了四通八达的蜘蛛网状的交通系统[162]。

正如上文所提到的，斯科里莫夫斯基认为广场是一个城市的核心和灵魂，在一座现代城市里，广场比道路重要。从他的规划中也可以看出广场成为连接城市各道路的主角，而街道则是连接广场之间的“网”。虽然这一时期的广场多为教堂所在地，但是从某种意义上来说，这些满足

图3-5　尼古拉耶夫卡亚广场（今中山广场）中央东正教教堂模拟图

资料来源：作者绘制。

市民精神需求的教堂所在地，也是市民聚会和交换商品的场所。在沙俄殖民时期，广场的功能也主要是满足市民办公的市政功能和连接每条道路方便市民出行的交通功能。总体来说，市政功能时期广场的建设，不仅对大连城市广场的空间分布产生重大影响，也对城市广场未来所具备不同功能奠定了基础。

二、交通功能时期

交通功能时期，是大连城市广场建设的进一步发展时期，主要是在日本对大连的殖民时期（1905 ~ 1945 年）。广场的建设根据日本殖民时期又分为三个阶段：初期（1905 ~ 1909 年）、中期（1910 ~ 1930 年）和后期（1931 ~ 1945 年）。

1. 日本殖民初期

通过日俄战争，日本于 1905 年“获得”了对大连市的管辖权，并将其改名为“大连”。日本殖民初期承袭了沙俄殖民时期的城市规划，对大连城市广场进行改造。1907 年，日本殖民者首先对尼古拉耶夫卡亚广场进行了改造并更名为大广场（今中山广场），广场周围的建筑物——无论是文艺复兴、古典主义、折中（衷）主义或新古典主义的建筑样式，均采用了近似檐高、对称结构和向心布局，从广场中心看周围建筑物的视角均为 18°，从空间上看广场周围的建筑均以广场为中心形成圆形广场[163]。

这一时期的其他广场多为单纯的交通广场，日本人保留了东广场（今港湾广场）原有的设计风格，并被放射形道路分割成三大绿道，然后在周边建设有港湾俱乐部和海港办公大楼等建筑。西广场（今友好广场）的周边建设了电器馆和基督教会馆等建筑，朝日广场（今三八广场）建设了一座表忠碑，英吉利广场（今二七广场）更名为千代田广场。1907 年，对连接行政区与商业区的“俄罗斯木桥”改建成钢筋混凝土结构的“日本桥”（今胜利桥，图 3-6），并将沙俄殖民时期连接桥两端的市立广场更

1908年日本殖民时期的桥

沙俄殖民时期市立桥

2013年拍摄的胜利桥

图3-6　胜利桥的形象变迁

资料来源：大连市城市建设档案馆。

名——北端改为日本桥北广场，南端改为日本桥南广场（今胜利桥广场）。

2. 日本殖民中期

日本殖民者于1909年在大连市正式建设有轨电车线路（图3-7），同年投入使用。电车对城市道路的要求更高，日本殖民者也逐渐对原有道路进行改造扩建。随着日本殖民者对大连市的不断改造，大连的港口运输、商业贸易、工业生产迅速发展起来，大连的城市人口也随之增加，在这个时期，大连的广场也开始逐渐往西部拓展。

从 1919 年开始，日本殖民者继续对大连市的城市区域进行扩充规划建设。在对西部城区进行规划时，基本采用棋盘状方块式设计，仍将广场作为区域结构的核心，干线道路继承了东部城区的多核心、放射状的形式，道路结构则是采用了方格状的形式，这样的设计与东部城区的放射状广场设计相比，提高了大连西部城区相对平坦的土地的利用效率，同样也使西部城区的道路比东部城区的道路在高峰时期更为通畅。有轨电车的投入使用使道路更加繁忙，同样也使广场的结构发生变化，为了方便电车通过，原来完整的广场不得不被道路从中心区域穿过，使广场的中心区域一分为二。

基于道路的走向、地形的变化和交通的需要，在城市西部设置的广场，其形状同东部城区设计的圆形、半圆形、椭圆形相似，均设计成圆形，如位于谭家屯一带的长者广场（今人民广场，已改为方块形状），日本殖民者将关州厅建设在广场的北部，在广场的侧面建设了警察署、法院、医院等市政建筑，形成了一个行政中心广场。此外，这一时期还修建有东关广场、花园广场、大正广场（今解放广场）、回春广场（今五一广场）、三春广场（原址位于今鞍山路与东北路交汇处，现已拆除）、黄金广场（今五四广场）等。上述广场的分布及其平面图，如图 3–8、图 3–9 所示。

总体来看，在这一时期，大连的城市建设主要是往西部拓展。日本殖民者对于西部城区的规划建设，使得大连的城市形态由原来沙俄殖民时期的放射状、集中分布模式（沙俄时期广场的形态强调步行者在行走过程中的空间感受，强调古典美学的组织原则，结构体系比较完整[164]），逐渐转变为带状发展的空间模式。

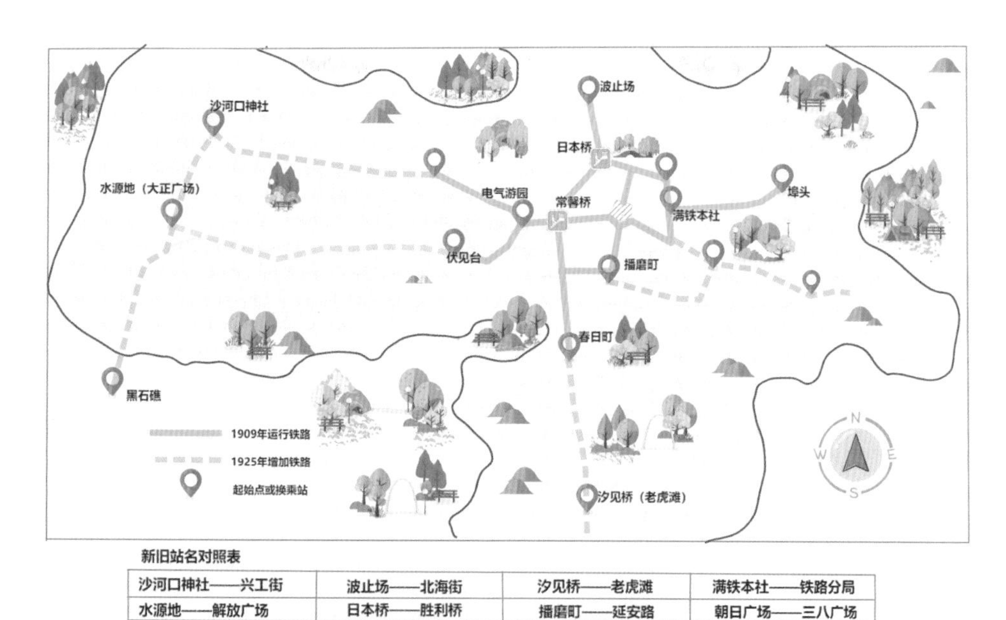

新旧站名对照表

沙河口神社——兴工街	波止场——北海街	汐见桥——老虎滩	满铁本社——铁路分局
水源地——解放广场	日本桥——胜利桥	播磨町——延安路	朝日广场——三八广场
伏见台——二九街	常磐桥——青泥洼桥	敷岛广场——民主广场	
电气游园——动物园	春日町——武昌街	埠头——码头	

图3-7　1909年及1925年大连有轨电车线路示意图

资料来源：根据大连市城市建设档案馆资料绘制。

图3-8　1905～1935年日本殖民时期城市广场分布示意图

资料来源：根据大连市城市建设档案馆资料绘制。

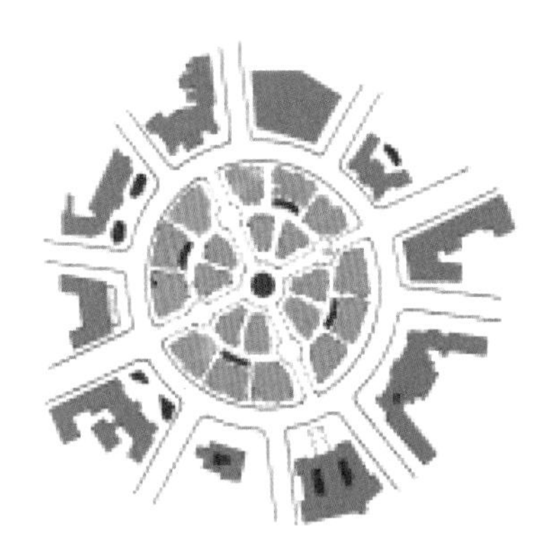

大广场（今中山广场）

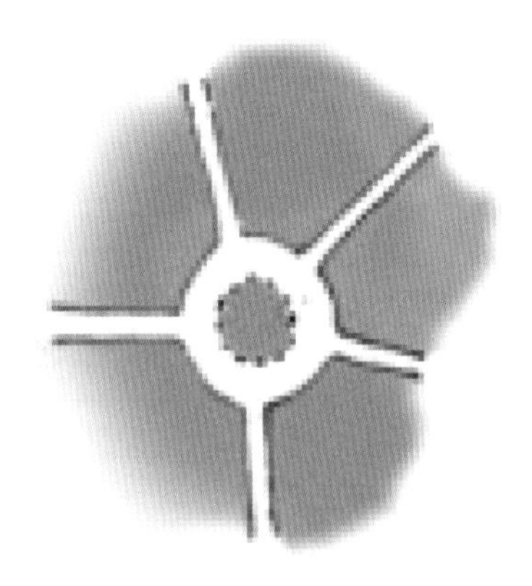

千代田广场（今二七广场）

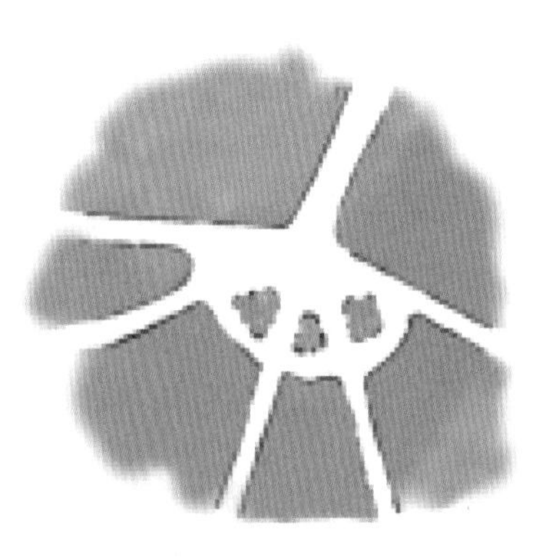

东广场（今港湾广场）

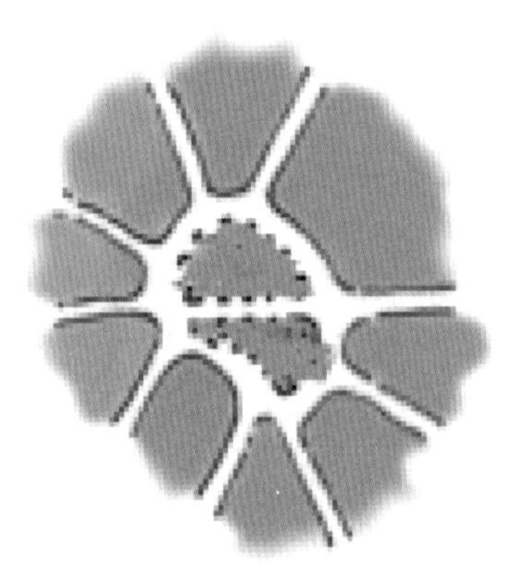

敷岛町广场（今民主广场）

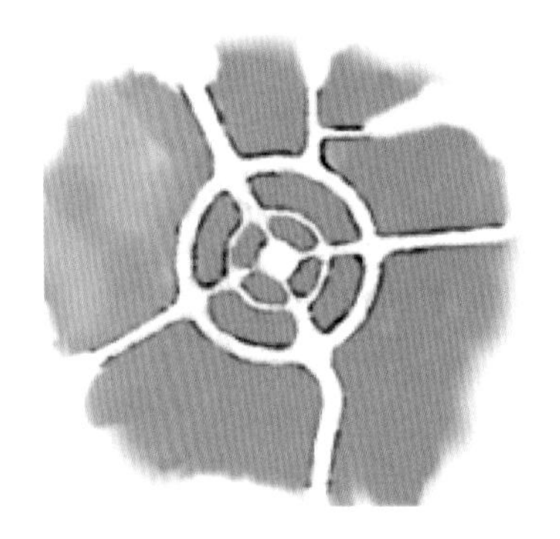

黄金广场（今五四广场）

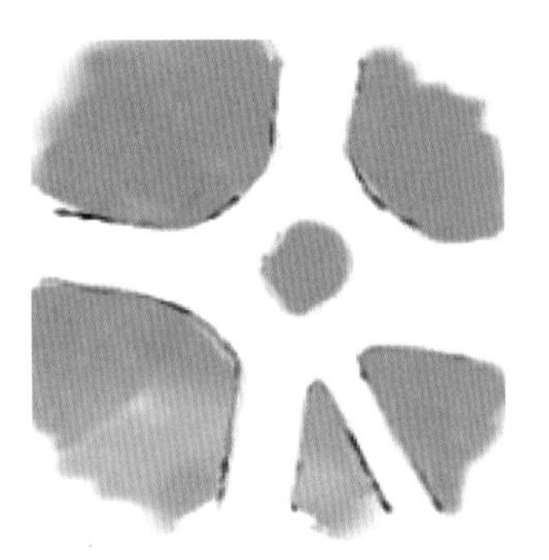

回春广场（今五一广场）

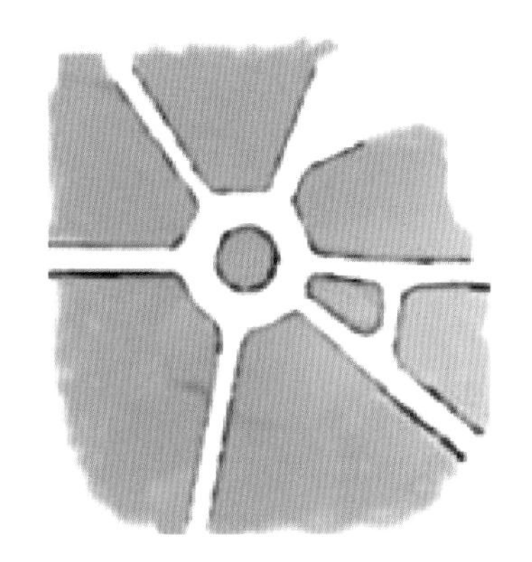

花园广场（今花园广场）

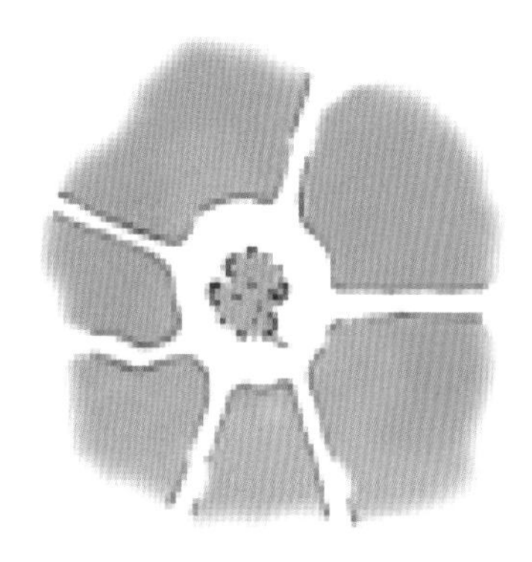

朝日广场（今三八广场）

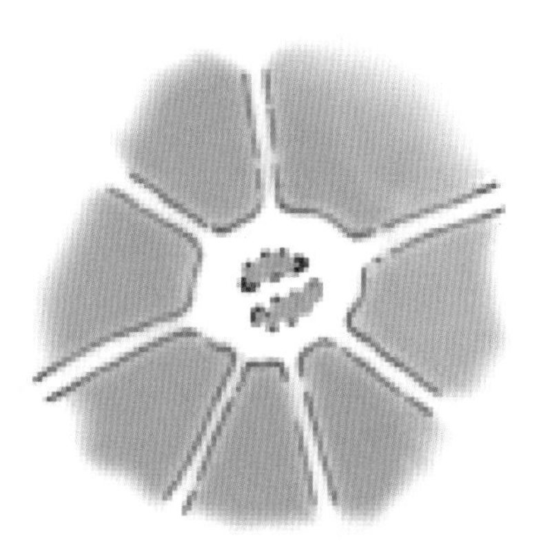

西广场（今友好广场）

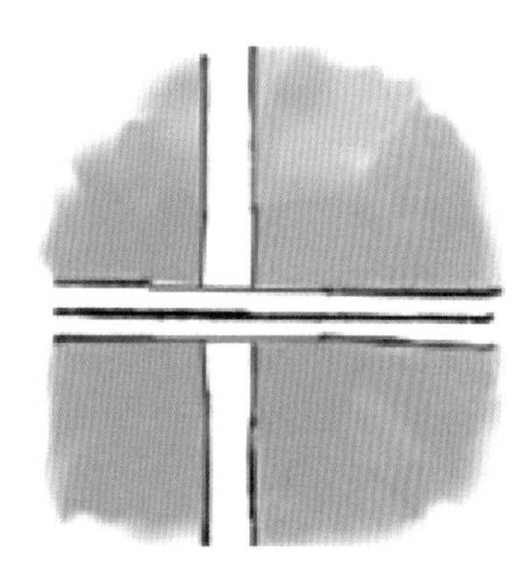

南、北广场
（今胜利桥南、桥北广场）

长者广场（今人民广场）

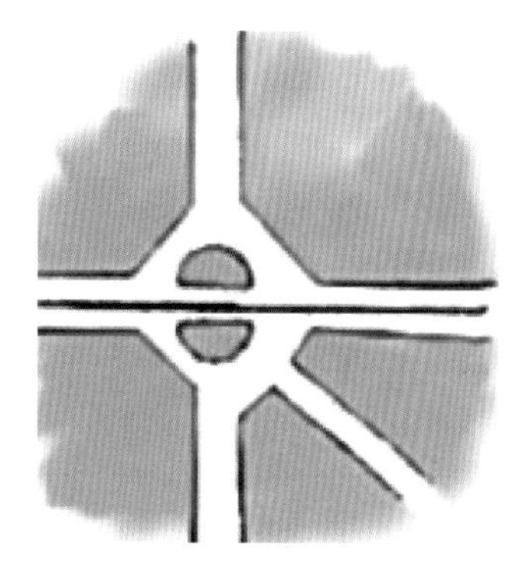

大正广场（今解放广场）

图3-9　日本殖民时期广场平面图
资料来源：作者绘制。

3. 日本殖民后期

进入 1930 年以后，大连的城市人口增长不断加快，为了应对这一局面，日本殖民者对大连进行了综合的城市规划与建设，即对城市的基础设施进行改造与扩建。1934 年 10 月，大连城市规划委员会通过了对大连火车站迁移的方案。该方案认为火车站是一个城市的交通枢纽和商业中心，而沙俄殖民时期建设的火车站已经不能满足城市发展的需求。因此，根据该规划方案，将大连火车站迁移至现今的位置，同时对新火车站周围道路进行了改造。大连新火车站仿照东京上野火车站的建筑形式，采取形如航空港的旅客分层进出模式设计，分为地下一层、地上两层；在火车站前方修建了站前方广场（今火车站南广场，图 3-10），该广场于 1937 年 5 月 20 日建成并投入使用，至今仍发挥着重要的交通作用。

日本殖民者在 1941 年提出了新的规划，规划区域主

1937年

中华人民共和国成立初期

20世纪60年代

20世纪80年代

20世纪90年代

2016年

图3-10　大连火车站南广场形象变迁
资料来源：大连市城市建设档案馆。

要是在大连市区北部和南部马栏河地区涉及的港口、铁路、道路和排水线路、公园绿化带、学校用地等各种用地的规划，使得大连的城市框架基本成型。与此同时，也对新一轮的广场进行了规划（图3-11），但是由于这一时期日本发起全面侵华战争，因此这一次的城市规划在很大程度上只停留在图纸规划阶段，并未完全付诸实践。

广场位置	现在位置	广场面积
特级1号线与一级道路10号线交会处	周水子前立交桥下	约11310平方米
特级2号线与一级道路13号线交会处	香干桥下	11310平方米
一级道路1号线富士根桥附近	中山路交马栏河桥处	约2500平方米
一级道路3号线星之浦海水浴场入口附近	星海公园北门处	约9500平方米
一级道路4号线6号线交会处	香炉礁立交桥下	11310平方米
一级道路5号线在西山屯辖区内	迎客广场	约6360平方米
一级道路7号线12号线交会处	香一街小区附近	约16000平方米
一级道路10号线在大连到新京（今长春市）线周水子站前	周水子火车站前广场	约11760平方米
一级道路14号线与二级道路17号线交会处	金三角广场	约7850平方米
二级道路10号线与三级道路8号线交会处	侯一小区内	5020平方米
二级道路17号线18号线交会处	金家街公园前	约7090平方米
二级道路21号线与26号线立体交会处	甘井子20路公共汽车站附近	约6200平方米
二级道路28号线于三市町内	原大连化学工业公司院内	约5020平方米
三级道路5号线在大连到新京（今长春市）线沙河口火车站前	沙河口火车站南广场	约14500平方米
三级道路8号线与12号线交会处	李家街小区内	约2830平方米

图3-11　1941年关东州广场规划情况
资料来源：根据辽宁省档案馆（行政3266）《大连市街计划书》制作。

在长达40年的日本殖民统治时间里，大连的城市规模比沙俄殖民时期有所扩大，基础设施也逐渐完善，现代交通工具——有轨电车的出现，更使得广场的功能由原来的市政化转变为交通化。在这一时期，大连市新建的广场为8个，依次为东关广场、花园广场、大正广场（今解放广场）、黄金广场（今五四广场）、回春广场（今五一广场）、三春广场（已拆除）、长者广场（今人民广场）、火车站站前广场（今火车站南广场）。此外，对沙俄殖民时期修建的其他6个广场进行改造更名，依次为：尼古拉耶夫卡亚广场更名为大广场（今中山广场）、西广场（今友好广场）、敷岛町广场（今民主广场）、市立广场更名为日本桥广场（今胜利桥广场）、英吉利广场更名为千代田广场（今二七广场）、朝日广场（今三八广场）。整体来看，日本殖民统治后期建立的广场，其位列感不再像沙俄殖民时期较为紧凑和有序，东方文化空间思想在城市广场中得以体现；城市广场以中央环岛绿化为主，广场四周建筑围合感趋于弱化，这些广场布局体现的是霍华德的花园城市的理论。

三、综合功能时期

综合功能时期，广场的建设逐渐走向成熟，广场的功能逐步完善。综合功能型广场的建设，主要是在中华人民共和国建设时期（即1949年至今），中华人民共和国建设时期又分为两个阶段，改革开放前（1949 ~ 1978年）和改革开放后（1978年至今）。

1. 改革开放前

1945 ~ 1966年，城市总体规划没有对广场进行单独的规划，仅是和城市公园、绿地的规划放在一起，因此这一时期大连的城市广场规划和建设工作相对滞后。

中华人民共和国成立初期，新成立的“旅大市”政府（成立于1946年4月）对多数广场进行了更名，如将朝日广场更名为朱德广场（今三八广场），千代田广场更名为民生广场（今二七广场），驿前广场更名为胜利广场，敷岛町广场更名为民主广场，西广场更名为解放广场（今友好广场），大正广场更名为西安广场（今解放广场）等。从广场功能上来看，战争使得“旅大市”成立之初陷入百废待兴的状态，这一时期广场的功能主要还是发挥着日本占领时期的交通功能。

1948 年，“旅大市”政府成立了城市整顿委员会，开始对城市的基础设施进行维护和修复，对原有的城市广场的绿化进行更新，并改建斯大林广场（今人民广场），新建了胜利广场、五四广场、五一广场、关东广场等10余处广场，同时也对中山广场进行改造[165]。这一时期的城市广场形态的典型代表为改造后的斯大林广场（当时由长者广场更名为政府广场，是战争后留下的一块空地，1949 年更名为斯大林广场）。

1954 年斯大林广场的改建工程竣工（图 3-12），两条横贯东西和两条南北向的大街把广场划分成方格状，南部修建苏联红军烈士纪念塔，纪念塔为花岗岩砌筑。改建的斯大林广场建筑面积为 128.31m^2，纪念塔高 5m，塔身为六角形，基座为长方形，东西长 53m，南北宽 17.4m，塔基内设有办公室、宾仪室等，塔基正面用中、苏两国文字镌刻着标题为“永恒的光荣”的铭文，东侧镶嵌着大连人民欢迎苏联红军进入大连的浮雕，西侧镶嵌着大连人民建设新中国历史画卷的浮雕[165]。实际上，这一时期对斯大林广场（今人民广场）的改建使广场具有一定的纪念意义，广场的功能不仅保留了原本的交通功能，同时也具有了纪念的功能。

在经历过三年的国民经济恢复和第一个五年计划建设时期之后，“旅大市”的经济状况有所好转，于 1958 年确定了中华人民共和国成立以来的第一个城市总体规划，称为“58 规划”。这一时期城市广场建设处在停滞状态，只是在 1964 年修建了一个八一路广场，其广场功能为交通类型。

“旅大市”的“58 规划”虽然也有一定的局限性，但是对大连市的整体发展还是起到了一定的积极作用，对城

图3-12　人民广场形象变化
资料来源：大连市城市建设档案馆。

市总的发展规模、规划布局、用地指标和功能分区等原则性问题的确定，使得城市基础设施开始恢复。在“58 规划”之后的 20 年时间里，由于规划机构解散，规章制度废弛，城市建设无章可循，造成城市布局、城市发展方向、城市基础设施建设等方面的混乱，也同时影响到大连城市广场的建设与推进。

2. 改革开放后

改革开放之初国务院召开全国第三次城市工作会议，1978 年 8 月 16 日大连市成立了“旅大市”规划设计院，开始编制“旅大市”总体规划，并征求全市各界人士对城市建设的意见，邀请国内城市规划专家对整体规划进行评议。1981 年国家建设部规划司到“旅大”审查城市的总体规划，同年将“旅大市”更名为大连市。1982 年 10 月大连市完成了城市总体规划的编制工作，1985 年 5 月国务院对《大连城乡建设总体规划》做出批复，此后大连市规划部门对这次的规划称为“80 规划”（图 3-13、图 3-14）。

这一时期的“80 规划”以港口、工业、旅游城市发展为目标，大连通过调整，形成较为明确的功能分区，并完善了原先的道路网体系：以城市广场和其他公共开放绿地为主要节点，注重人文与自然景观的融合，讲究亲水空间的塑造，完善“一轴多心”的城市格局（此处一轴指人民路—中山路），营造体现城市文脉和特色的序列性开放空间，并以此促进城市的繁荣

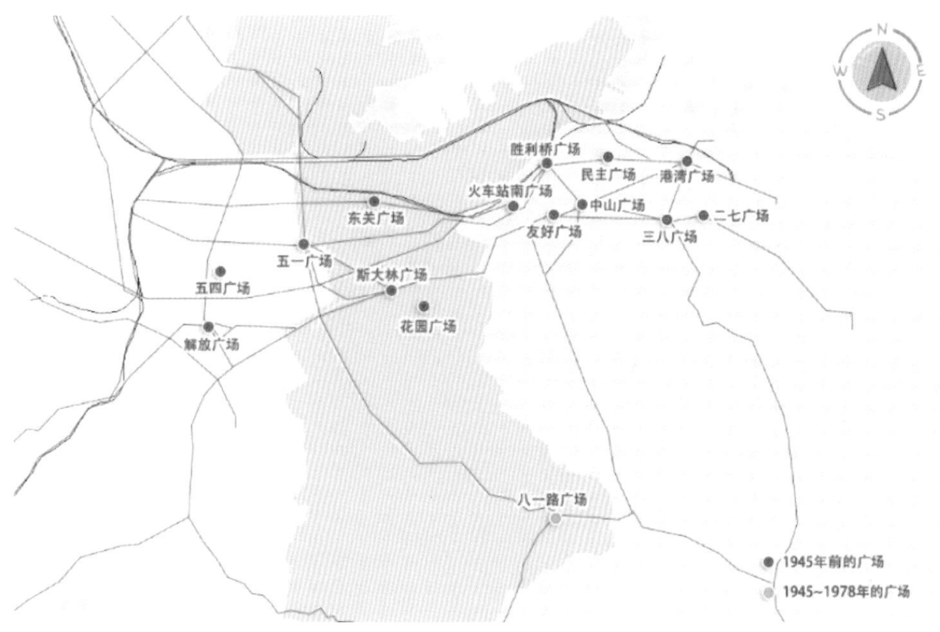

图3-13　1978年大连城市广场分布图 / 审图号：辽BS[2022]20号

发展。随着大连经济的快速发展和城市建设水平的提高，大连对原有广场进行大规模改造的同时又开工新建了一批文化、交通市政、娱乐休闲和居民社区等不同功能和类型的广场，从而进一步完善了城市功能，优化了城市环境配置[164]。

在“80 规划”时期，大连城市广场的建设数量也较中华人民共和国成立初期有所增加，改建、扩建和新建的广场有 11 个，扩建的广场主要有胜利桥广场、民主广场、沙河口站前广场和周水子站前广场，新建的广场为石道街广场、迎客

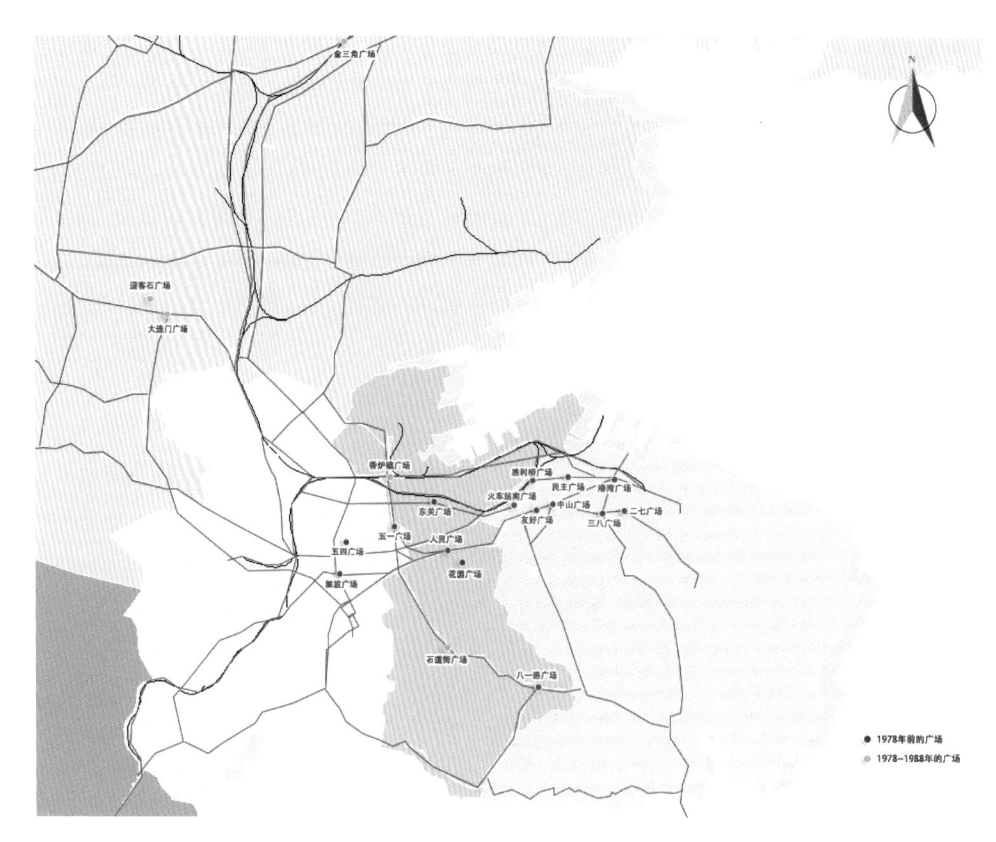

图3-14　1988年大连城市广场分布图 / 审图号：辽BS[2022]21号

石广场、大连门广场、香炉礁广场、金三角广场、中华广场（现已拆除）和兆麟广场（现已拆除）。这一时期广场的建设，在功能上不仅满足了市民交通出行的需求，同时也完善了道路交通体系。在空间上的分布状态，广场的建设也逐渐开始向北部城区拓展，且位于主要交通交界处，主要与大连的城市总体规划建设有关。以中山广场为例，1984 年大连市政府对已经绿化的中山广场进行改造，将中间的水池建成音乐喷泉，环绕着喷泉的分别是内侧的 8 个花坛和外侧的 12 个树坛，树坛内修建了棚架、管理亭，设置了园灯、座椅，这次改造在中国传统的庭院广场文化中引入了西方广场文化，表现了人类广场文化中重要的生存意识，但是过多的人工设施、比较杂乱的空间分配无疑损害了环境的和谐、宁静和典雅[165]。

1990年大连市提出建设国际性城市的目标，并对“80规划”进行调整，称为“90规划”。20世纪90年代中期，大连市又提出城市发展“不求最大，但求最佳”的口号，精心打造花园城市。因此，在这10年间大连城市广场的数量增长的速度比较快，数量达到14个，依次有虎雕广场、胜利广场、希望广场、马栏广场、华南广场、富民广场、星海广场、七星广场、华乐广场、二七广场、奥林匹克广场、求智广场、学苑广场、西南广场。在空间分布上，广场逐渐往城市的西南部拓展，北部和中心城区也逐渐完善。在功能上，这一时期的广场除了具备原有的市政功能和交通功能，同时还出现了商服型广场和游憩型广场，以及综合功能类型的广场。这几种类型广场的分类及所包含的广场在第二章中有所叙述。

1995年，大连市政府再次对中山广场进行了全面改建。在此之后，中山广场东西地下通道建成，不仅为疏导往来人流提供便利，而且扩展了广场的视野空间，所以如今的中山广场（图3–15）既保持了原有的星形广场传统风貌，又借鉴了现代城市广场的空间分割方法[165–166]，其功能也由最初的市政功能和交通功能转变为综合型广场。

在这一时期新建的广场数量很多，比较具有代表性的还包括奥林匹克广场和星海广场（图3–16）——这两个广场在规划建设初期就被定位为综合型功能的广场。由此可见，处在新时期的规划者们，在规划建设广场时，其规划设想不再受到以往固有模式的限制，而是对广场的规划建设有了新的思维模式。

奥林匹克广场位于西岗区中山路与五四路之间，于1999年12月建成。总占地面积4.2hm^2，绿地面积15638m^2，绿化率37.1%，石材覆盖面积18079m^2。广场中央是面积为5062m^{2}的奥运五环广场，直径36m的五环内，由红色大理石拼出世界地图，中心竖立着钢制奥运五环。广场地下由长280m，宽和高均为12m的地下商业大街横贯东西，是市区中部休闲购物中心[167]。

1899年

1911年

1927年

1939年

1980年代

2016年

图3-15　中山广场建设变化

星海广场是大连目前为止建设的广场中面积最大的，整体面积在亚洲也是体量最大的。广场北面是大连星海会展中心，东面是大连世界博览广场，南门是无垠的大海，大道两侧由小叶黄杨组成海洋图案，四周绿化带面积为 $22hm^2$。星形广场内圆直径 199.9m，寓意公元 1999 年是大连城市建设史上的一百周年。一座百年城雕建设在广场的主轴线上，形似一本翻开的书；铜铸千印的浮雕，象征着大连人走过的沧桑历程[168]。

进入 21 世纪，大连市为建设现代国际化名城，制定了近期、远期和远景的发展目标。这一时期广场建设的数量最多——达到 15 个，依次为海军广场、旭日广场、山峦广场、文苑广场、数码广场、东华广场、海洋广场、机场广场、周水子火车站前广场、凯旋广场、天河广场、后盐广场、金湾广场、香周路广场、东港音乐喷泉广场。这一时期的广场，在完善其广场功能的同时，也加快了广场在整个城市的空间布局建设，其中最具代表性的广场为海军广场和东港音乐喷泉广场。

海军广场位于中山区朝阳街，2000年建成，占地6.9hm^2，绿地面积4.4hm^2，绿化率68.3%。广场内设置长70m、高2.5m的一组反映人民海军训练、战斗、生活的浮雕和超写实雕塑，还设有金锚、银舵、世界地图、升旗台等建筑小品。广场周边设有高杆灯、草坪灯、槐花灯139盏，音乐喷泉水池长500m。

东港音乐喷泉广场位于中山区东港商务区，于2015年建成，广场紧挨大连国际会议中心，西临大连港码头、东依国际游艇港。广场占地面积20hm^2，绿化面积2.9hm^2，绿化率为69.2%；广场地下由200hm^{3}的土石方回填、143块大圆筒护岸和12000块防波堤三大部分组成；地上由石材铺装区、音乐喷泉景观、“飘带式”绿化带和观景台四大部分组成（其中，“飘带”面积9120m^2，绿化带中包括高大乔木皂角、山杏共23株，常绿乔木云杉36株，配合色彩丰富的时令花卉，使绿地空间层次丰富，效果极佳）；广场周边安装了10根30m的远射程高杆灯，喷泉池周围安装了16盏石柱灯，内部由立体环绕的688个喷头和2772盏水下彩灯组成，共设计10种独立水型，最高水柱可达到80m，增强了整体景观的氛围。

20世纪90年代初期

1997年

2014年

2016年

图3-16　星海广场形象变化

第二节
城市广场空间格局的演变

一、城市广场的形态特征变化

1. 广场的规模变化

1899 ~ 2016 年（表 3-1、图 3-17）大连城市广场在规模和数量上呈现出不断扩大的趋势，在一百多年的时间里大连城市广场的数量总共增加到 48 个，约每两年均增 1 个，其中 1945 ~ 1999 年是广场建设数量最多的时期，增加量达到 19 个，2000 年以后城市广场的建设数量有所下降，在数量上新建设的广场有 15 个，广场建设数量开始呈现下降趋势。

表3-1　大连市城市广场分阶段统计情况

建设时期	时间	数量 / 个	代表性广场	拆除广场
1—市政功能时期	1899 ~ 1904 年	6	中山广场等	
2—交通功能时期	1905 ~ 1945 年	8	民主广场等	三春广场
3—综合功能时期 I	1945 ~ 1999 年	19	星海广场等	中华广场、兆麟广场
4—综合功能时期 II	2000 ~ 2015 年	15	海军广场等	海之韵广场

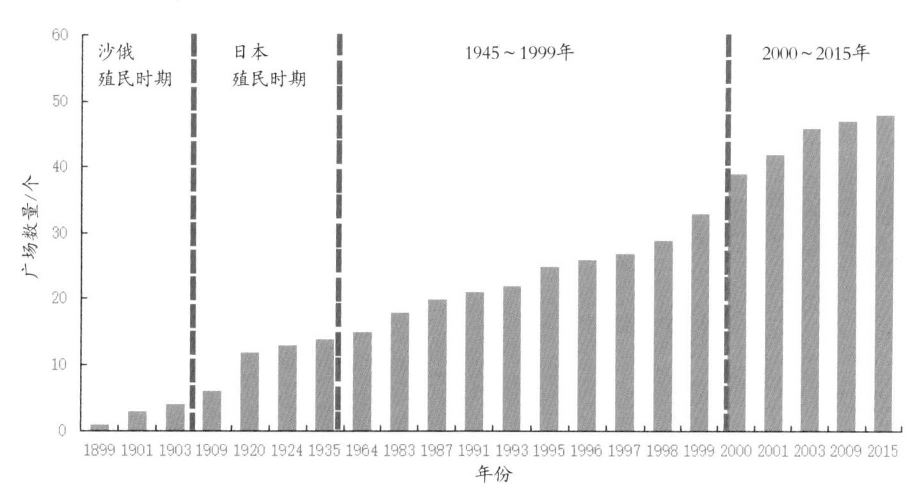

图3-17　1899～2016年广场数量增长情况

从图 3-18 可知，大连城市广场的建设面积从 1899 年的 2.27 hm² 扩大到现在的 214.07 hm²，年均增长 1.83 hm²，广场的规模也逐渐地扩大。而广场的用地占比（图 3-19），整体呈下降趋势，其中在 1901 年城市开始规划建设时，广场用地占比达到最大，为 2.92%，此后开始逐年下降，1992 年广场用地占比达到最低值 0.173%；1996 年开始，广场的用地面积又呈现上升态势并一直稳定到 2009 年，之后又开始下降但是平均水平达到 0.5% 以上。

2. 广场的类型变化

广场的建设类型（图 3-20）在 1899 ~ 1920 年以中小型广场为主，在 20 世纪 20 年代出现 1 个特大型广场——长者广场（今人民广场）；中华人民共和国成立初期到 1990 年以前广场的类型同样是以中小型广场为主，偶有大型广场的出现；1990 年后至今又出现了两个特大型广场：星海广场和东港音乐喷泉广场，大型广场是海军广场，其他仍是中小型广场；总体来说，大连的城市广场以中小型广场为主，并伴有大型和特大型广场。

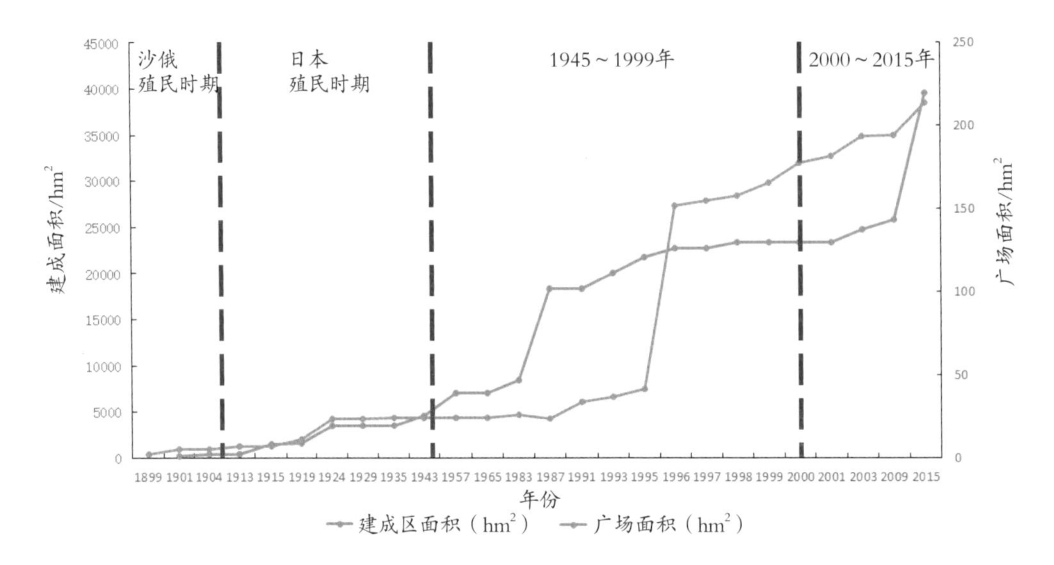

图3-18　城市广场面积变化

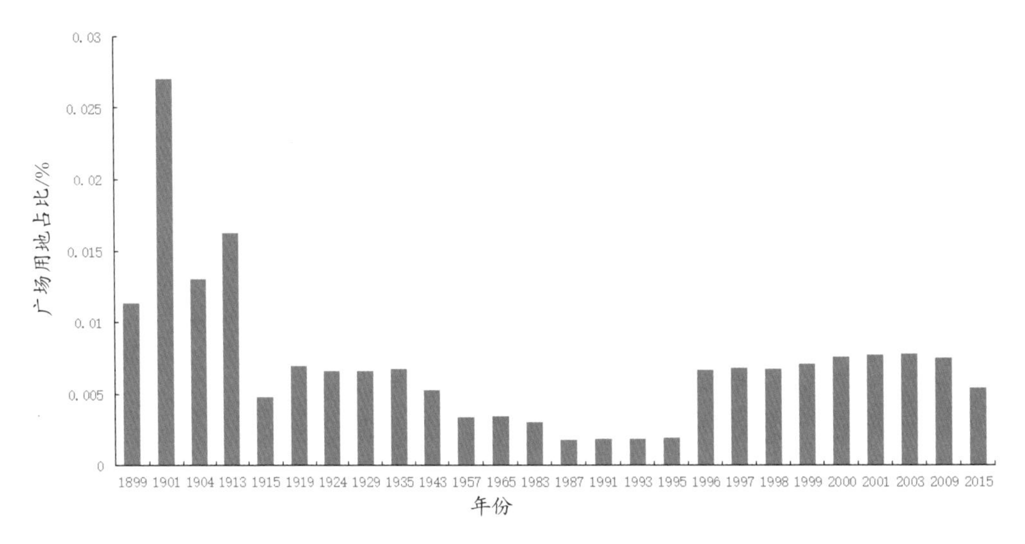

图3-19　1899～2016年广场用地占比

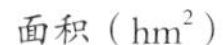

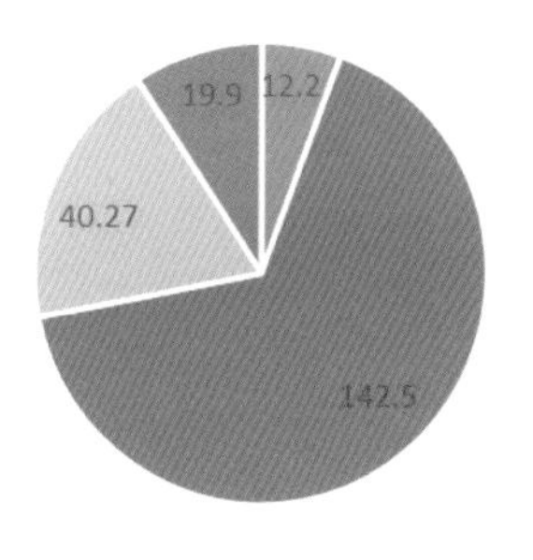

图3-20 大连城市广场规模统计

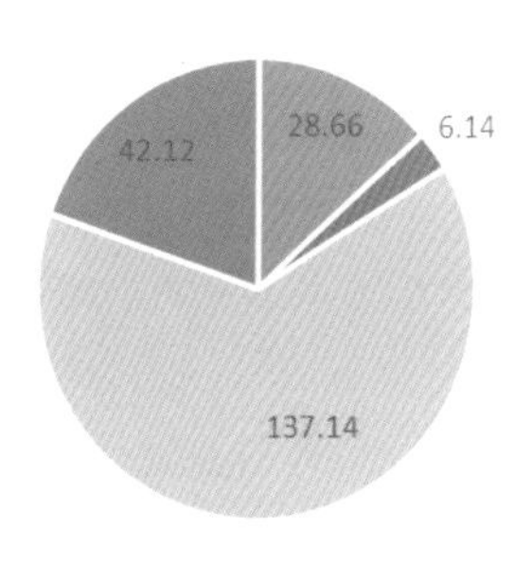

图3-21 四类城市广场类型统计

由图 3-21 可知，在四种功能类型城市广场中，首先，游憩型广场的面积最大；其次，是综合型广场；再次，是交通型广场；最后，是商服型广场。由此可见，大连城市广场是以游憩型广场和综合型广场为主，交通型广场和商服型广场为辅。

二、广场景观布局变化

结合本书绪论中的表 1，大连城市广场的形状主要有六种：圆形、椭圆形、三角形、方形、复合型以及不规则形。沙俄殖民时期，城市广场的形状主要是圆形和椭圆形，这一时期主要是借鉴欧洲广场的建设形状。在日本殖民时期，除了原有广场的形状，新建的广场形状则以方形为主并出现三角形广场，最主要的因素是在这一时期交通类型的广场占据主导地位，为了城市经济的快速发展以及连接各交通线的便利，广场的形状逐渐以方形和三角形为主。中华人民共和国建设时期，城市广场的形状在延续以往形状的基础上，结合广场的功能和所处的地理环境，出现了复合型和不规则形。

从大连市内四区分布的城市广场内部空间结构来看，在广场的绿化面积上，沙河口区的城市广场绿化面积最大，达到 89.33hm^2, 平均绿化率也是最高，达到 76.16%；其次是中山区广场，绿化面积 15.31 hm^2；再次是甘井子区广场，绿化面积 12.65 hm^2；最后是西岗区的广场，绿化面积 12.05 hm^2。而广场的平均绿化率，排在最末位的是中山区广场，平均绿化率 32.80%；其次是西岗区广场，平均绿化率 44%；然后是甘井子区广场，平均绿化率 56.71%。在广场内部的铺装面积方面，沙河口区城市广场的铺装面积是最大的，达到 28.11 hm^2，但是广场的平均铺装率却是最低，为 23.90%；中山区广场的铺装面积次之，为 18.38 hm^2，平均铺装率最高达到 39.40%；再次是西岗区的城市广场，铺装面积为 9.42 hm^2，平均铺装率为 34.10%；最后是甘井子区的广场，铺装面积为 6.9 hm^2，平均铺装率为 30.90%。表 3–2 为大连城市广场景观绿化面积及绿化率的变化情况，其中绿化面积为每个时期的综合绿化面积，绿化率为每个时期的平均绿化率。

从四类广场铺装面积和绿化面积上来看，游憩型广场的铺装面积和绿化面积都是最大的，分别为 32.88 hm^2、91.26 hm^2；综合型广场铺装面积为 18.98 hm^2，绿化面积 16.28 hm^2；交通型广场的铺装面积 6.88 hm^2，绿化面积 19.83 hm^2；商服型广场铺装面积 4.07 hm^2，绿化面积 1.97 hm^2。从四类广场的功能上来看，商服型广场的铺装面积和绿化面积较低，最主要的原因就是处于商业中心的位置；而游憩型广场的铺装面积和绿化面积最高，主要是为了满足市民和游客的需求。

广场内部的景观差异性较大，由于多数广场的建设功能不同，其呈现出来的景观装饰也会有所不同，而景观相同的广场内部则是一些植物造景；广场整体的植物景观为草坪、草木、灌木和乔木，不同的广场植物景观的造型会

表3–2 1899～2016年城市广场景观的变化

类型	1899 ~ 1905 年	1906 ~ 1945 年	1946 ~ 1999 年	2000 ~ 2016 年
绿化面积 (hm^2)	2.17	5.32	103.15	18.93
绿化率 (%)	30.58	22.66	61.98	46.91

有所不同，但总的来说在广场内部的植物景观中草坪的面积占比相对较大。

三、广场空间格局演化的特征与模式

（一）广场功能时空格局演化

笔者在第二章将城市广场分成了四类：综合型广场、交通型广场、商服型广场和游憩型广场。图 3–22 展现出四种类型城市广场的时空演变特征：

（1）综合型广场。在时间上跨度大，横跨大连城市广场发展的四个时期，广场功能的演化由市政型、交通型逐渐演化成现在的综合型功能；在空间分布上，广场分布较为集中，数量最多，主要在城市发展的东西轴线上，从东部的港湾广场到西部的解放广场。

（2）交通型广场。在时间跨度上较综合型广场小，主要在中华人民共和国成立后的发展时期；在空间分布上较为分散，数量次之，涵盖大连市内四区。

（3）商服型广场。在时间分布上，也是处于中华人民共和国成立后的发展时期；在空间分布上，数量最少，西岗区、甘井子区和沙河口区都少量分布。

（4）游憩型广场。在时间跨度上，同样是在中华人民共和国成立后的发展时期；在空间分布上，主要在城市的东南部，临海距离较近。

从城市广场发展的四个时期，再结合四个时期各类型城市广场的功能演变（图 3–23）及阶段发展状况（表 3–3），可以直观地了解到大连城市广场建设一百多年来的时空演变特征：①广场在空间分布上增长显著。从沙俄殖民时期的 8 个广场增长到现在的 48 个，分布区域从原来的中山区扩展到现在市内四区的众多区域。②广场的空间形态日益多样化。在沙俄殖民时期，整个广场在空间上的分布形态呈半圆形，且主要集中在中山区；到了日本殖民时期，随着城市建设向西部拓展，广场的建设也逐渐往西部城区转移，此时整个城市广场的空间形态沿着城市建设的东西轴线，呈现出条带状

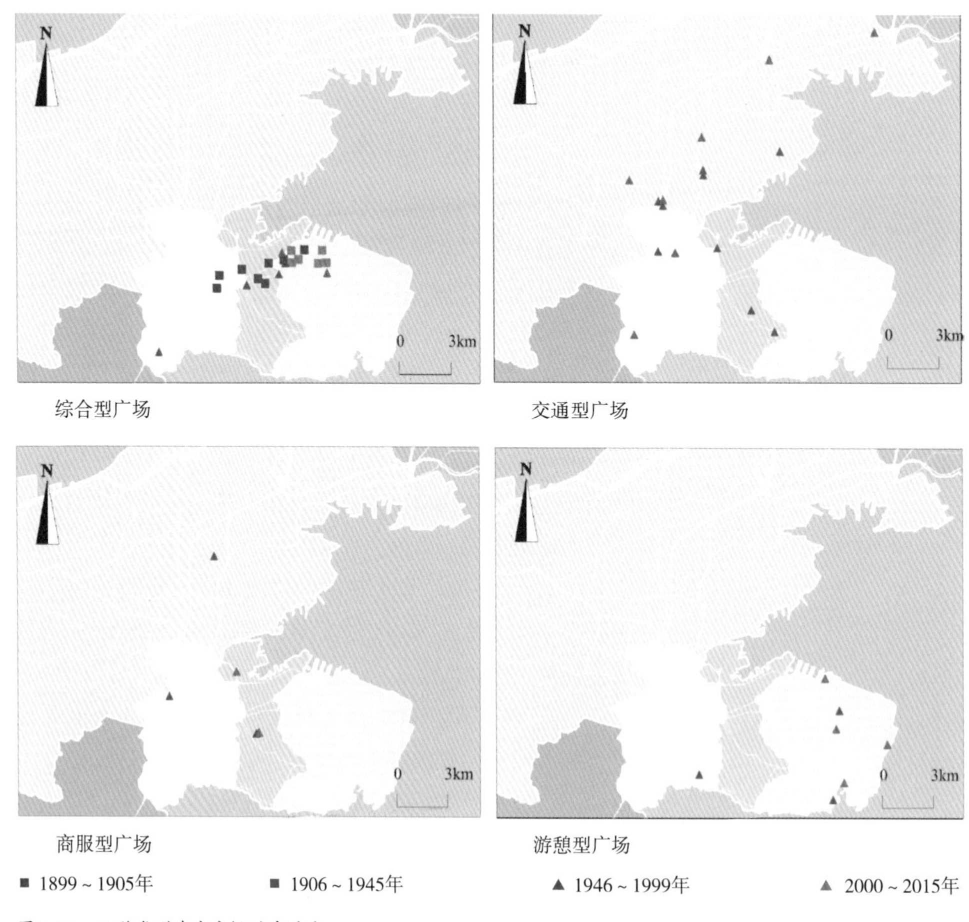

图3-22 四种类型城市广场时空演变

的格局；中华人民共和国建设时期，随着经济的快速发展和城市规模的扩大，城市广场建设沿着主城区东西轴线、南北纵线分别向城市的东南部、西南部以及主城区的北部方向拓展，总体呈现出“Y”字形的格局。

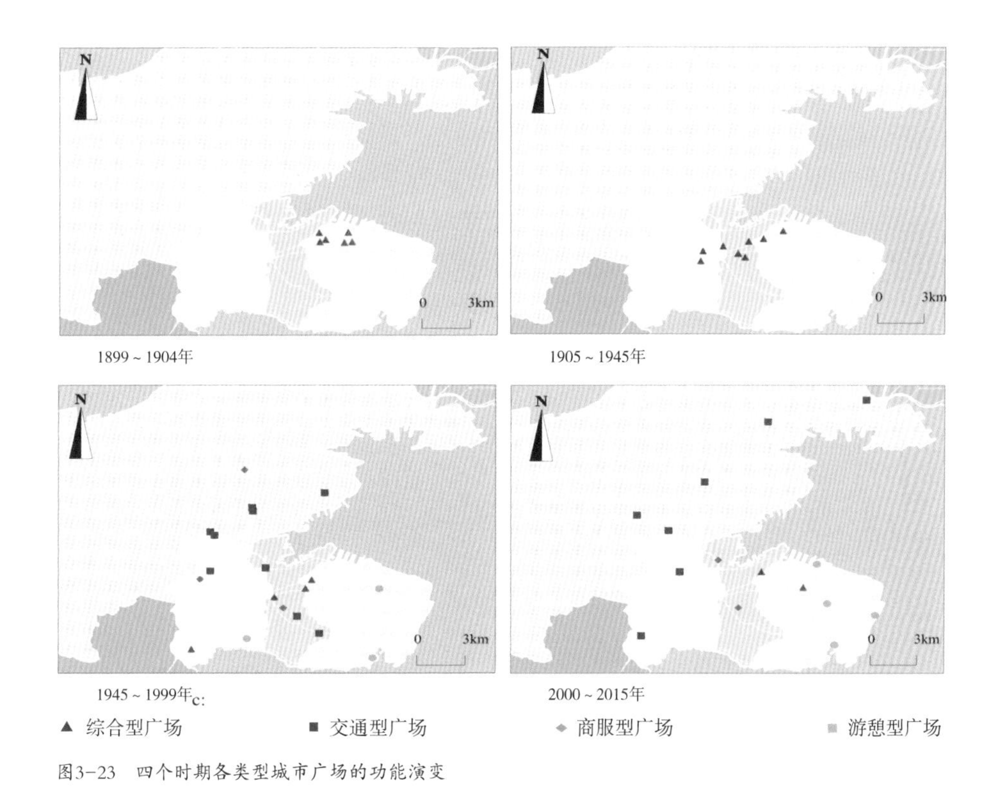

图3-23　四个时期各类型城市广场的功能演变

表3-3　四种类型城市广场阶段发展状况

发展阶段	经济特点	城市建设指导方针	广场演变形态特征
1899～1904年	经济发展以货物运输为主	沙皇的授予下，颁布了关于大连自由港的相关敕令	空间分布较为集中，整体呈半圆状格局
1905～1945年	以港口运输、商业贸易、工业生产发展为主	1919年日本殖民者，关东厅发布了《市街扩张规划及地区区分》、1938年《关东州州规划令》	空间分布逐步扩大，整体呈现条带状格局
1945～1999年	以港口、工业、旅游为城市经济建设目标	1985年，《大连城市总体规划（1980～2000）》，分为近期、中期和远期	数量增长最多，空间分布比较分散，呈现出多样化格局
2000～2015年	大力发展第三产业、建设东北亚国际航运中心	2004年《大连城市总体规划（2000～2020）》	空间分布逐步扩大，整体呈现“G”字型的分布格局

（二）广场空间格局演化的特征

1. 空间分布应用

ArcGIS10.2 大连城市广场的空间数据库数据，将大连48个城市广场分布现状进行空间可视化。从图 3-24 可知，大连城市广场空间分布，整体较为分散，尤其是在甘井子区的城市广场，空间分布最为分散；其次是沙河口区空间分布较为分散；而中山区和西岗区的城市广场分布相对较为集中。

图3-24 大连城市广场分布现状 / 审图号：辽BS[2022]22号

应用核密度函数和点密度分析、空间缓冲区分析对1999年和2016年大连市广场分布进行空间分析（图3-25、图3-26），发现大连市广场空间分布层级性特征明显：① 1999年，一级分布于中山区、西岗区及沙河口区与西岗区交接的区域，二级分布于甘井子区和沙河口大部分区域。2016年，一级分布区域有所扩大，主要在

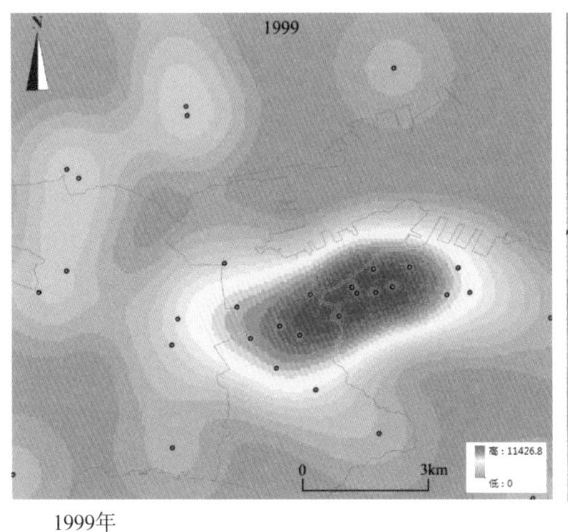

1999年

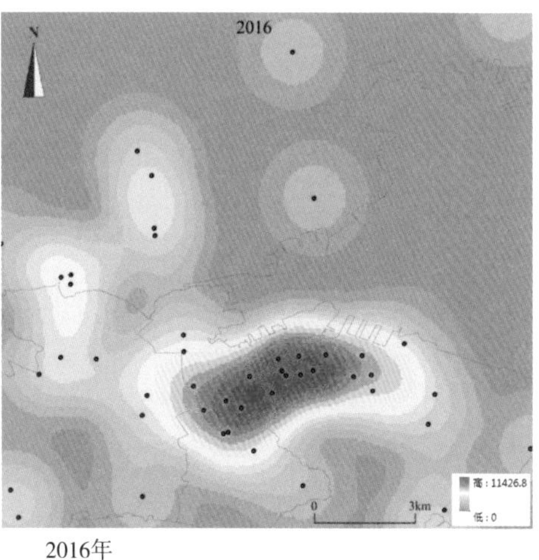

2016年

图3-25　大连城市广场核密度分析

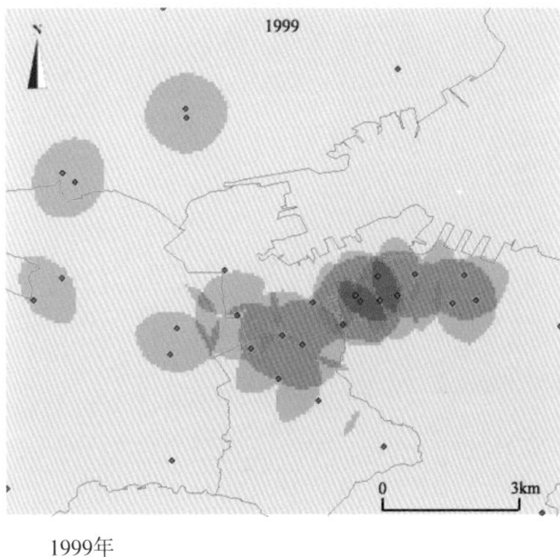

1999年

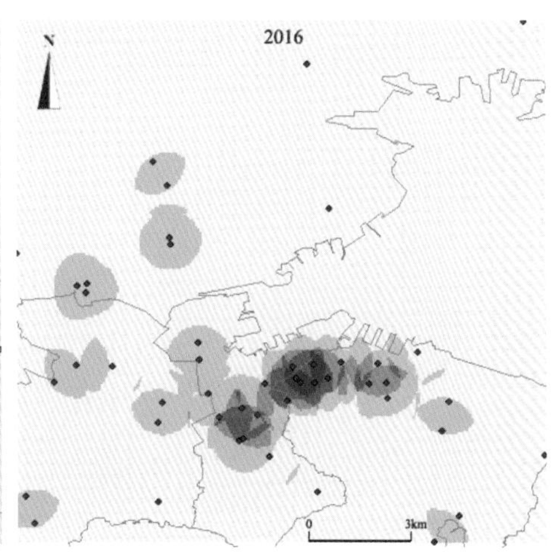

2016年

图3-26　大连城市广场点密度分析

中山区、西岗区及沙河口区与甘井子区交接区域。② 1999 ~ 2016 年，广场空间集聚趋势明显，无论核密度还是点密度，中山区、西岗区、沙河口区及沙河口区与甘井子区交界区域都是城市广场分布的绝对集聚区，中山广场、友好广场和人民广场是大连城市广场核心分布区。③大连城市广场的空间分布，在整体上呈现出“小聚集，大分散”的空间分布状态。④大连市城市广场布局与城市发展具有协同性，说明城市发展对城市广场发展具有基础性作用，城市经济发展水平对其具有显著带动作用。

广场之间的关联性类似广场服务功能的辐射，因此关联性的分析方法是最直观的。因此，将广场关联性分析分别以 0.5km、1km、2km 和 3km 为半径进行空间可视化模拟，如图 3-27 所示。空间集聚分布仍以中山区、西岗区和沙河口区为主要集聚区域，1999 ~ 2016 年，广场空间分布呈分散趋势发展，但是广场之间的关联性却在逐渐增强。1999 年，以广场为中心的 500 m 服务范围内，广场之间的关联性较强，且广场空间分布主要在中心城区；在以 1km 为半径的服务范围内，广场同样集中分布在中心城区

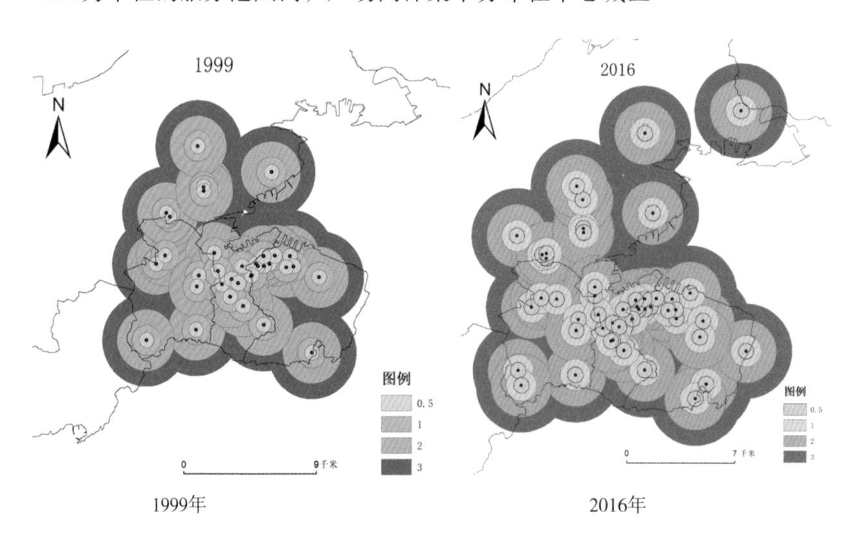

图3-27 大连城市广场关联性分析

及中山区、西岗区和沙河口区东部区域；在以 2km 为半径的服务范围内，广场在空间分布上逐渐分散，中心城区的广场与周边分布的广场关联性较弱；在以 3km 为半径的服务范围内，位于城区边缘的城市广场，其关联性以自身为中心而独立发展。2016 年，随着广场建设数量的增加，位于中心城区的广场，在以 1km 为半径的服务范围中，广场之间的关联性较之前明显增强，且关联性的强度逐渐延伸到沙河口区的西部区域，使得主城区的城市广场在东西轴线和南北纵线上的关联性呈现出“十”字形状；而以 2km 为半径的服务范围内的城市广场其关联性比 1km 范围内的较弱，但是较 1999 年的有所增强；以 3km 为半径的服务范围内，位于城区东北部的七星广场、后盐广场、金湾广场与市内四区的广场的关联性最弱，且三者之间几乎没有关联性，也是以自身为中心的独立发展态势。

2. 空间服务范围特征

利用 Voronoi 的空间分割和邻近查询原理分析，可以从一定程度上分析大连市各广场的分布服务范围情况。使用 ArcGIS 软件创建大连市广场的 Voronoi 分析图，得到大连市各广场的分布服务范围情况。从图 3-28 上可以看出：① 1999 年大连城市广场，在中心城市区域分布较为集中，其服务范围相对较小。 2016 年中心城区的广场较 1999 年相比分布同样集中，服务范围也较 1999 年有所减小，但是如人民广场、中山广场等由于知名度较高，因此在中心城区的广场影响范围较广。② 1999 年位于城区东北部区域的广场数量较少，在空间分布上比较分散，其服务范围相对比较广泛。2016 年，城市东北部的广场在数量上有所增加，但是分布仍较分散，主要是由于这一区域面积较广所致，且这些广场距中心城区的距离较远，因此，广场的知名度方面相对较低，影响力也主要集中在其服务范围内。③ 1999 年，位于城区西南部和东南部距海较近的城市广场，数量上也较少，其服务范围相对较大。到了 2016 年，位于城区东南部和西南部的广场数量都有所增加，因此其原有的服务范围开始缩小，但是较中心城区广场的

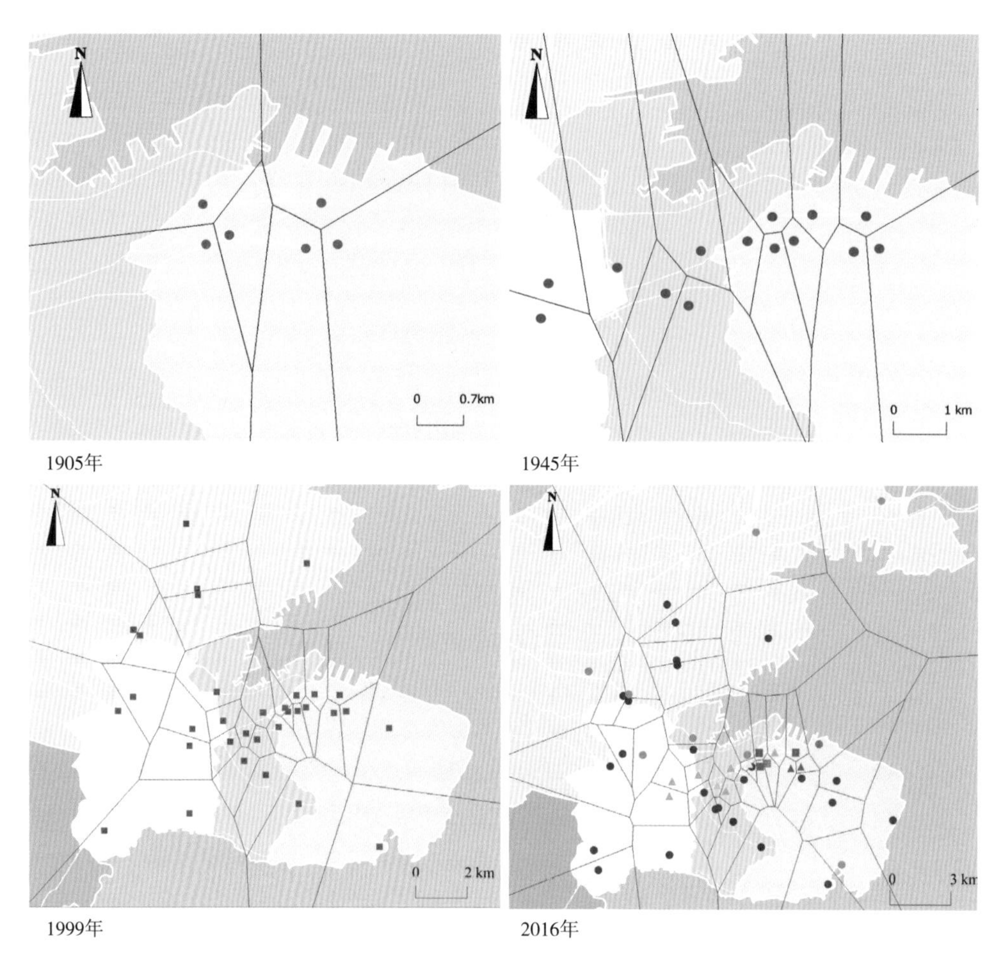

图3-28　城市广场Voronoi分析图

服务范围大。④需要注意的是，周边广场服务范围主要分析与内部广场间的服务距离和范围划分情况。

3. 全局空间自相关分析

区域城市广场形成与发展具有整体性、相关性特点。城市内广场空间发展存在关联性，Tobler（1970）提出的"地理学第一定律[169]"对城市广场空间相关性研究具有较大理论借鉴价值，故引入全局空间自相关对城市广场空间关联格局进行探索研究。

全局自相关原理如式（3-1）[170-172]：

$$\text{Moran's I} = \frac{\sum_{i=1}^{n}\sum_{j=1}^{n} w_{ij}\left(x_i-\bar{x}\right)\left(x_j-\bar{x}\right)}{s^2\sum_{i=1}^{n}\sum_{j=1}^{n} w_{ij}} \qquad (3-1)$$

式(3-1)中：$s^2=\frac{1}{n}\sum_{i=1}^{n}\left(x_i-\bar{x}\right)^2$；$\bar{x}=\frac{1}{n}\sum_{i=1}^{n}x_i$；$n$ 为研究区域单元个数；x_i、x_j 分别为 i、j 区域内广场个数；

$W_{ij}(i,j=1,2,\cdots,n)$ 为空间邻接二进制权重，表示区域间广场空间邻接关系；当区域 i 与 j 相邻，$W_{ij}=1$；当区域 i 与 j 不相邻，$W_{ij}=0$。Moran's I 取值区间为 [−1,1]，大于、小于和等于 0 分别表示正相关、负相关和不相关。显著性检验为 Z 检验[173]。

基于莫兰指数（Moran's I 指数）的空间集聚测度机理，利用 ArcGIS10.2 相应城市广场空间数据库，应用空间统计工具的分析模式对大连市城市广场进行空间集聚测度与分析（表 3–4、图 3–29、表 3–5、图 3–30）。

由图 3–29、图 3–30 可知，大连城市广场现如今在空间分布上较为分散，在 1999 年以前广场呈现空间集中分布状态，至 2016 年广场分布呈现空间随机分布状态模式。由 Moran's I 指数原理可知，当 P 值小于 0.05 即存在集聚显著性，1999 年大连城市广场在广场面积、绿化率、绿化面积、铺装的 P 值分别为 0.380172、0.008164、0.423230、0.501097，因此广场在广场面积、绿化面积、铺装三个方面较为分散，而在绿化率方面较为集聚。2016 年大连城市广场在广场面积、绿化率、绿化面积、铺装的 P 值分别为 0.374784、0.228343、0.608265、0.378963，因此广场在广场面积、绿化率、绿化面积、铺装四个方面不存在集聚。莫兰指数 Z 得分方面，1999 年大连城市广场在广场面积、绿化率、绿化面积、铺装的 Z 得分分别为 −0.004789、0.073672、−0.007294、−0.010668，表明大连城市广场在广场面积、绿化面积、铺装三个方面的分布呈离散状态，而在绿化率方面较为集聚；2016 年大连城市广场在广场面积、绿化率、绿化面积、铺装四个方面全局 Moran's I 指数得分

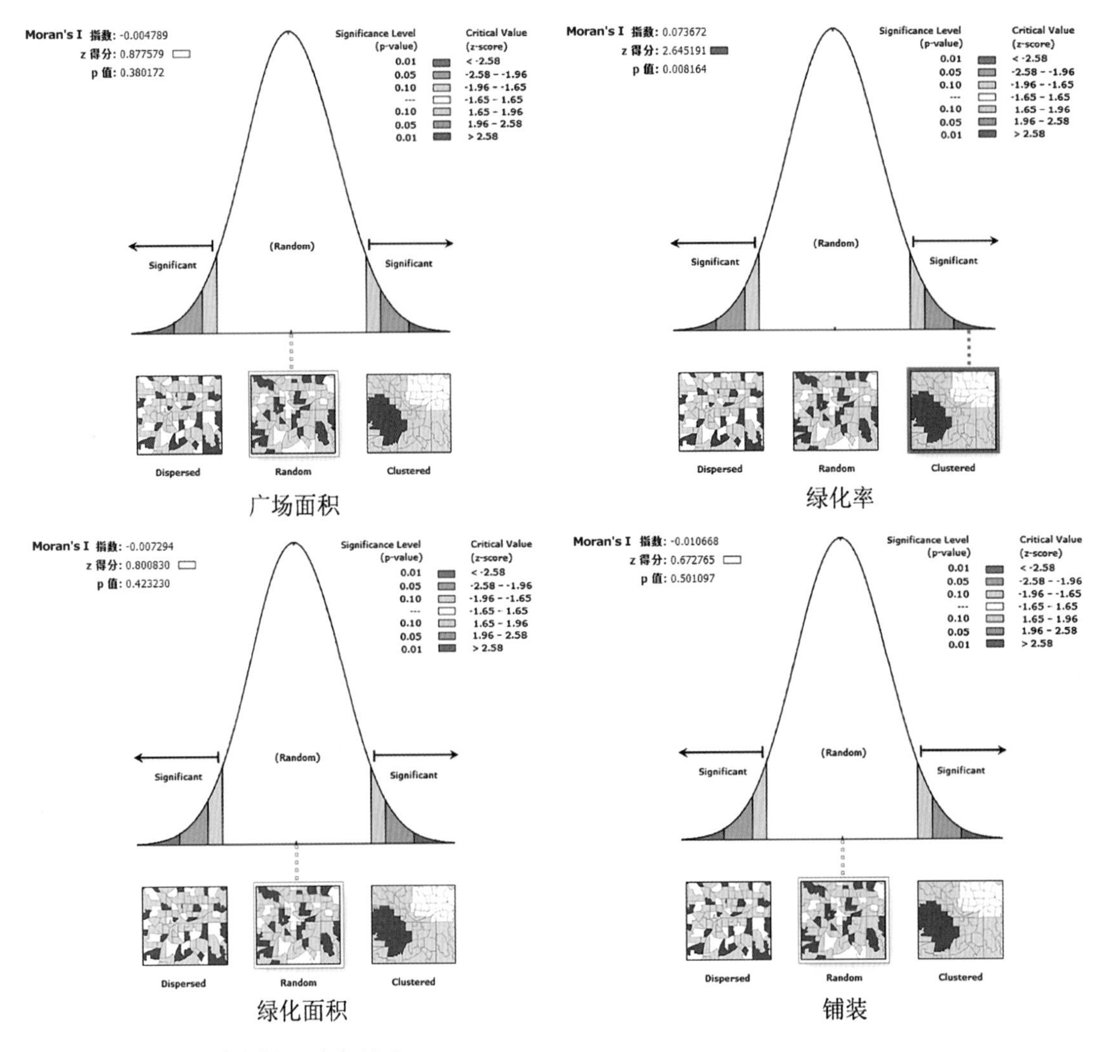

图3-29 1999城市广场全局莫兰指数

表3-4 1999城市广场全局莫兰指数

参数	广场面积	绿化率	绿化面积	铺装面积
莫兰指数	-0.004789	0.073672	-0.007294	-0.010668
预期指数	-0.031250	-0.031250	-0.031250	-0.031250
方差	0.000909	0.001573	0.000895	0.000936
Z 得分（Z-score）	0.877579	2.645191	0.800830	0.672765
P 值（P-value）	0.380172	0.008164	0.423230	0.501097

表3-5 2016年城市广场全局Moran's I 指数得分

参数	广场面积	绿化率	绿化面积	铺装面积
Moran's I 指数	-0.033984	-0.036903	-0.027985	-0.033773
预期指数	-0.019608	-0.019608	-0.019608	-0.019608
方差	0.000262	0.000206	0.000267	0.000259
Z 得分 Z-score	-0.887548	-1.204637	-0.512552	-0.879808
P 值 P-value	0.374784	0.228343	0.608265	0.378963

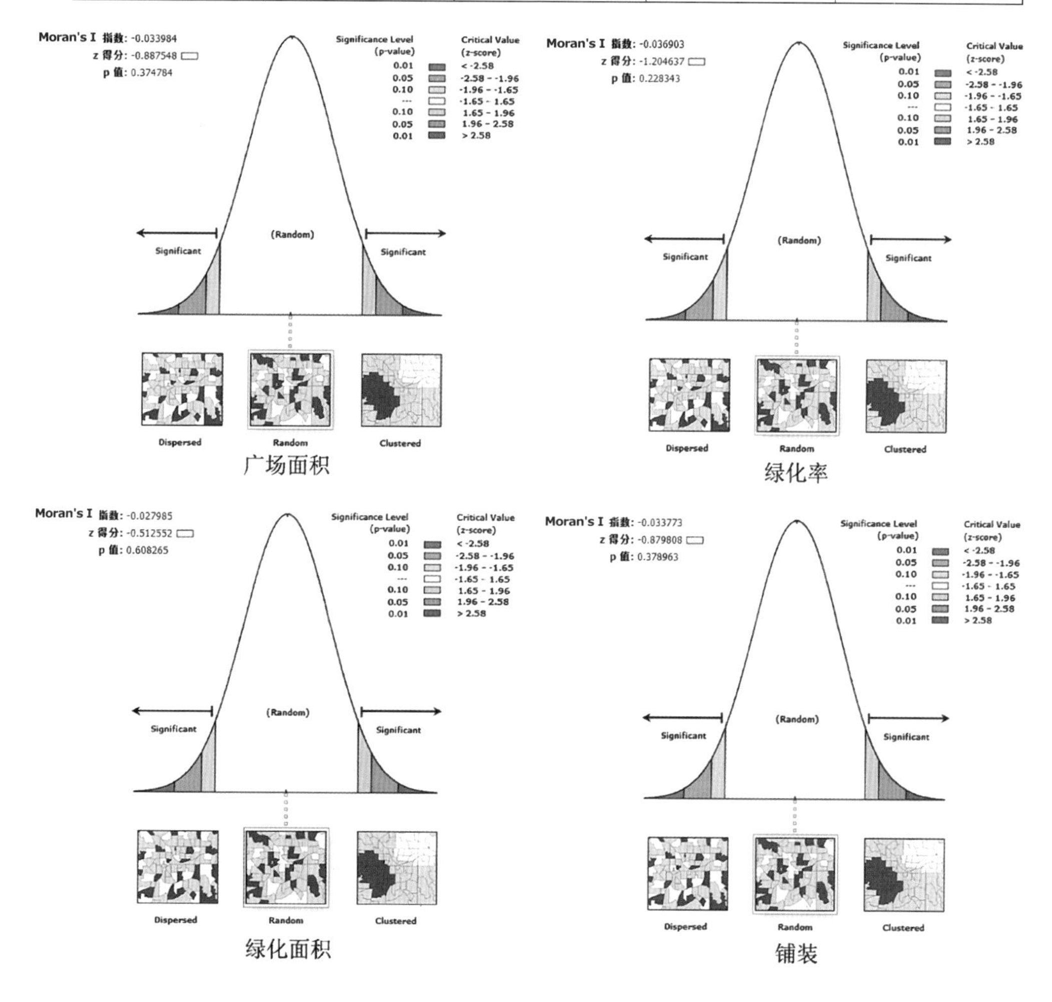

图3-30 2016年城市广场全局Moran's I 指数

分别为 -0.033984、-0.036903、-0.027985、-0.033773，表面大连城市广场在此四个方面都呈现出离散的分布状态。

通过上述量化分析可知，大连城市广场在 1999 年的绿化率方面呈现集聚的分布状态，三个方面则呈现分散状态；到 2016 年，大连城市广场在四个方面都呈现分散状态。说明大连城市广场空间布局在四个方面都趋于合理化，由早期的较为集中模式，逐渐演化为空间合理化布局的状态。此外，大连城市广场空间分布的离散状态，还受到城市发展和政策等因素的影响，城市建设发展水平对于广场空间的离散分布状态具有一定的影响作用，具体机理分析的深化研究将会在下一章予以阐述。

4. 空间差异性特征

利用 Mapinfo 软件，以大连市政府所在的广场——人民广场为中心创建 1km 等距缓冲区和 16 个方向的扇形分区（图 3-31）。

图 3-31 是以人民广场为中心，做出每个圆环相差 1km 的 16 个方向的广场分布图，从图中可知，距离人民广场最远的距离是 16km，是在 NNE 方向；在 9km 范围内包含有 46 个广场，这些广场在每个方向都有分布；沙俄和日本殖民时期的广场主要分布在 5km 范围内，分布的方向主要是 NE、NEE、SEE、SWW、W，在数量上以 NE ~ SEE 方向居多。到了中华人民共和国建设时期，随着社会经济建设的发展和城市的扩张以及政策的开放，城市广场的建设出现在城市的各个方向，而集中分布的方向主要是在 NE ~ SE 和 NNW ~ SSW，其他方向呈零星分布状态。

图 3-32 是建立 16 个方向的雷达图，大连城市广场分布方向主要在 NNW ~ E，该区域分布的广场也较为密集。其中 NNW、NEE、E 这三个方向的广场面积较大，主要是由于这三个方向的地势较为平坦，且又是大连建成区的演变方向。而 SW ~ S 方向广场面积较小，是因为这一区域地形地貌主要以山地丘陵为主，因此分布的广场面积较小；但是在这个方向有一个特殊的特大型广场面积超过 $100hm^2$（星海广场面积为 $112hm^2$），与其他广场进行比较时差

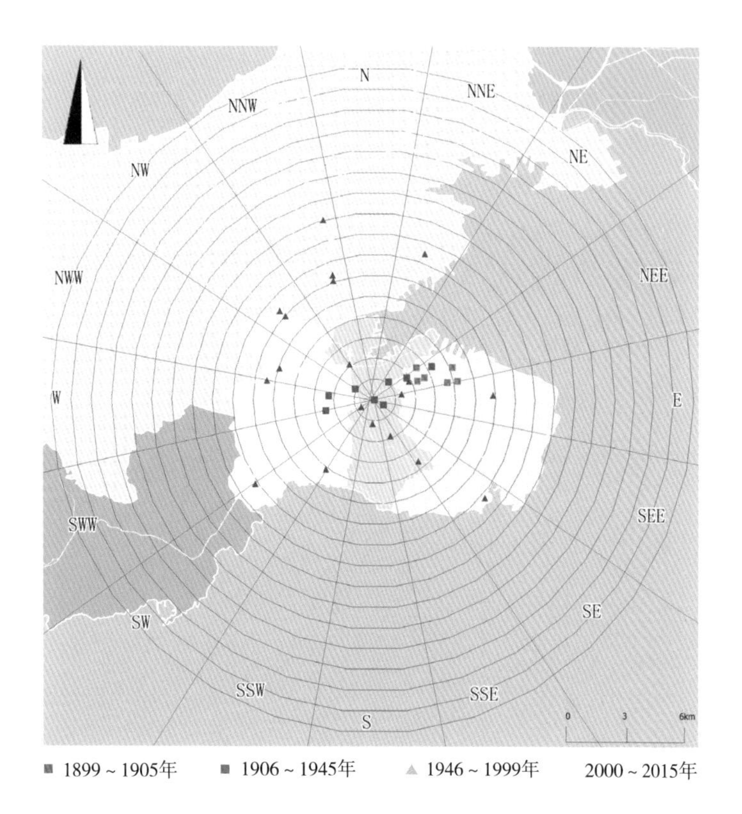

图3-31　城市广场空间分布的差异性

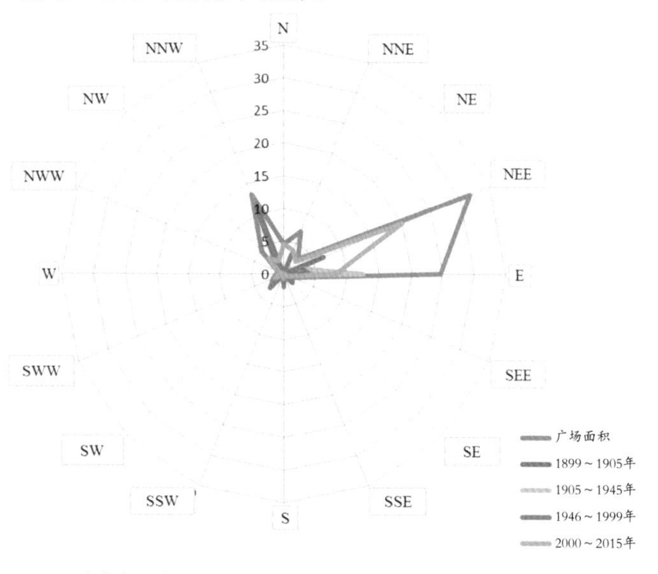

图3-32　城市广场空间演变的面积各向异性

异太大，因此并未在此图中显示出来。在城市的 SWW ~ NWW 方向没有广场的分布，主要也是受到地形地貌条件的影响。

为分析广场的扩展情况，采用广场扩张强度指数对大连市的城市广场建设过程进行分析。广场扩张强度指数表示某一时段内城市广场面积变化的幅度，用于定量地表达城市广场扩张的程度及速度，计算公式如式（3-2）所示：

$$R = \frac{U_b - U_a}{U_a} \times 100\% \tag{3-2}$$

式中：R 为城市广场强度指数；U_b 为研究末期城市用地面积 (km^2) 或个数；U_a 为研究初期城市用地面积 (km^2) 或个数。

根据城市广场个数的变化计算各个时期广场扩张强度指数，1899 ~ 1905 年大连市广场有 6 个，1906 ~ 1944 年，新建广场有 8 个，广场个数扩张强度指数为 133.33%。1945 ~ 1999 年，新建广场有 19 个，广场个数扩张强度指数为 135.71%，虽然广场的扩张强度指数变化不大，但这一时期广场的数量是增加最多的时期。2000 ~ 2015 年，新建广场有 15 个，广场个数扩张强度指数为 45.46%，广场个数强度指数降低，从新建广场的数量看仍然保持了很高的数量，而广场个数扩张强度指数降低主要是由于广场的基数增加导致。

根据城市广场面积的变化计算各个时期广场面积扩张强度指数，1899 ~ 1905 年大连市广场的面积为 6.91 hm^2，面积较小；1906 ~ 1944 年，新建广场面积为 17.15 hm^2，广场面积扩张强度指数为 248.19%。1945 ~ 1999 年，新建广场面积为 141.34 hm^2，广场面积扩张强度指数为 597.45%，在这一时期，星海广场修建，面积为 112 hm^2，因此增长强度很大。2000 ~ 2015 年，新建广场面积为 48.64 hm^2，广场面积扩张强度指数为 29.41%，这个时期新建广场面积均较小，且现有广场面积总数较大，因此面积扩张强度明显降低。

（三）广场空间格局演化的模式

大连城市广场空间格局演化，在大连城市广场发展历程的三个主要时期所呈现的空间格局如图 3–33 所示。根据图 3–34，总结出大连城市广场的空间演化模式，由不同历史时期的城市演变而来，从最初的“三角形”，到后来的“梯形”，再到如今的“蝴蝶形”，其演化模式逐渐走向成熟。其中“三角形”的模式主要出现在现如今的中山区内，这一区域是大连城市建设最先发展的区域；“梯形”模式的发展区域主要分布在今马栏河与西安路以东的区域，这一区域是在日本殖民时期随着城市的扩张而逐渐发展起来的；最后的“蝴蝶形”模式则是大连城市广场至今形成的空间模式，代表着大连城市广场在空间建设上趋于成熟。

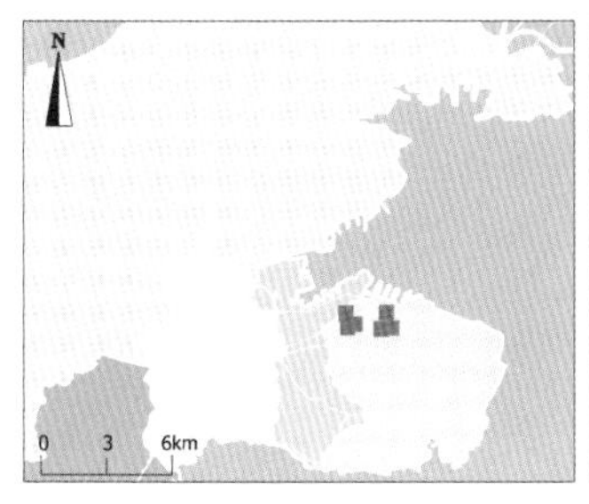

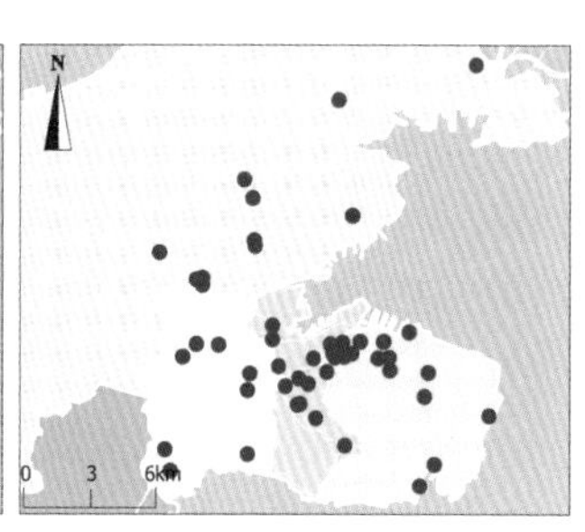

沙俄殖民时期　日本殖民时期　中华人民共和国成立后

图3–33　城市广场空间格局演化

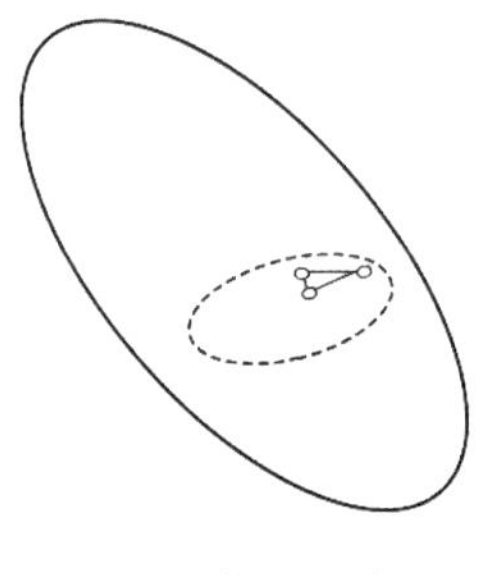

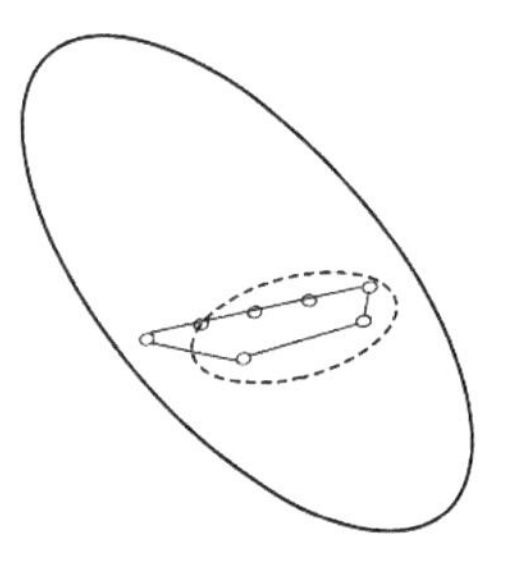

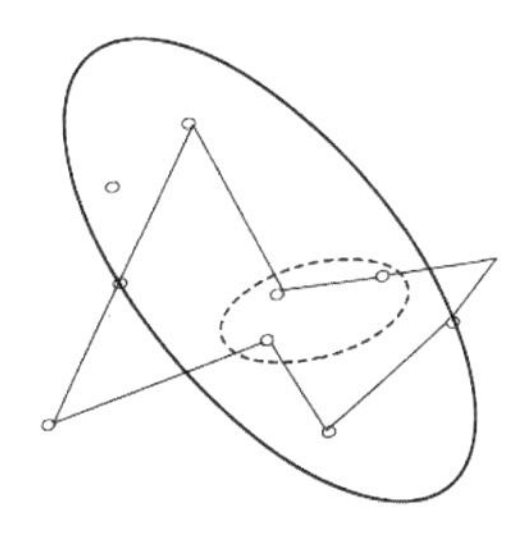

沙俄殖民时期　日本殖民时期　中华人民共和国成立后

图3–34　城市广场空间格局演化模式

第三节
小结

本章节结合第二章基于人居环境视角的广场功能分类研究，主要阐述了大连城市广场从建设初期到发展成熟的建设历程，以及不同时期城市广场的不同功能和空间分布状态，并基于GIS技术手段和方法做出广场空间分布的缓冲区，并根据广场的面积和个数进行综合分析，最后得出广场的空间格局演变的特征与模式。

市政功能时期即沙俄殖民时期，城市建设主要局限在现如今的中山区，而此时的城市广场也主要分布在这一区域内。这一时期的广场在功能设计上有交通疏导类广场、标志性建筑广场、集市类广场，其中部分广场同时兼具多种功能。

交通功能时期即日本殖民统治时期，城市发展的重心向西部城区拓展，而这一时期新建的广场主要分布在城市的西部，并且在现如今的人民广场附近形成了一个西部行政中心，而对东部城区的广场在原址上进行了改建。由于在这一时期，有轨电车的出现改变了人们日常出行的方式，使得城市的建设对道路要求较高，而城市广场空间在设计上起到连接各交通线路的重要作用，其功能主要是交通疏导功能。

综合功能时期即中华人民共和国建设时期，在中华人民共和国成立初期，由于政治、经济等多方面因素，城市广场建设基本处于停滞状态，仅仅是在对城市公园绿地规划时提到广场的建设；改革开放后，随着国家经济的稳定增长和大连市经济的快速发展，广场建设的数量也随之增多，尤其是中山区作为大连的经济、文化中心，新建广场多集中于此。而西岗区作为行政中心，广场的功能除了原有的市政功能和交通功能，还出现了体育休闲类的功能。沙河口区的广场最具代表性的是综合功能类型的星海广场；在中华人民共和国建设时期，城市广场的规划和建设逐渐走向成熟，广场功能由原来的单一功能逐渐转变成多样化的功能，如综合功能、商服功能、交通功能、游憩功能等。

大连城市广场的形状主要有 6 种：圆形、椭圆形、三角形、方形、复合型及不规则形。其演变过程：沙俄殖民时期，城市广场的形状主要是圆形和椭圆形；日本殖民时期，广场的形状逐渐以方形和三角形为主；中华人民共和国建设时期，广场的形状出现了复合型和不规则形。广场整体的植物景观主要为草坪、草木、灌木和乔木，不同的广场植物景观的造型会有所不同。总体来说，广场内部的植物景观也有很大的差异，但其中草坪的面积占比相对是较大的。

大连城市广场的功能时空演化，结合了第二章和本章广场的类型和发展阶段。从广场的类型来看，详细阐述综合型广场、交通型广场、商服型广场和游憩型广场在时间上和空间上的分布状态特征；从广场的发展阶段来看，在空间分布上广场显著增长，空间形态上日益多样化。

大连城市广场的空间演化特征利用 Mapinfo 软件，以大连市政府所在的广场——人民广场为中心创建 1km 等距缓冲区和 16 个方向的扇形分区，得出大连城市广场主要分布的方向是 NE ~ SE 和 NNW ~ SSW，其他方向呈零星分布状态。城市广场的个数和面积的扩张强度指数都在1945 ~ 1999年达到最大，然后开始下降，整体呈“倒U型”的趋势。而城市广场的空间分布格局由“半圆形状”向“条带状”发展，最终呈现“Y字型”格局。应用核密度函数和点密度分析、空间缓冲区分析对1999年和2016年大连市广场分布进行空间分析，分析表明1999 ~ 2016年，广场空间集聚趋势明显，无论核密度还是点密度，中山区、西岗区、沙河口区及沙河口区与甘井子区交界区域都是城市广场分布的绝对集聚区；广场之间的关联性也呈逐步增强的趋势。

大连城市广场的空间格局演化模式，从最初的“三角形”，到后来的“梯形”，再到如今的“蝴蝶形”，逐渐走向成熟。

整体来看，大连城市广场在建设百余年来，助力大连成为全国城市广场最多的城市，随着时代的进步与发展，城市广场的功能得到逐步完善，广场的空间格局逐渐走向成熟。

CHAPTER

4

Chapter 4
第四章　大连市城市广场空间格局形成与演变的驱动机理

纵观大连城市广场的兴起和发展及其所呈现的空间形态，大连城市广场空间格局形成原因，除了历史因素外，还有其他一些重要的因素。本章基于人居环境视角，主要从自然、经济、社会、生态环境和技术因素六个方面，来具体阐述大连城市广场空间格局形成的影响机理研究。

第一节
城市广场空间格局形成与演变的影响因素

一、自然因素的影响机理

自然条件是大连城市广场建设的基础。地形地貌等自然因素，是城市广场空间格局的重要影响因素。

1. 历史地形地貌

沙俄殖民时期，斯科里莫夫斯基正是利用大连特殊的地形来构建合理、方便而优美的街道与广场，辐射状的街区布局使许多道路顺河沟、山谷、滩涂等地势而建，既保护了生态环境，又节约了工程成本。

对城市中心广场的位置的选取，斯科里莫夫斯基选择位于地势相对较高处，当夏季雨季来临时，可以使雨水从地势落差相对较大的道路上修建的沟渠迅速流走，起到较好的排洪作用。

在日本殖民时期，20 世纪 30 年代的综合城市规划，也充分考虑到当时大连的地理位置和其独有的地形地貌特征：地域狭小，位于地形复杂的辽东半岛一端，东部受山地和海洋的隔断，西南呈现向香炉礁或星海方向延伸的走势，可供利用的较为平坦的区域常常在山间或海滨，也往往被山地丘陵所阻隔；在交通方面，道路及铁道等主要交通设施由于地形地貌的限制只能铺设在腹地。因此，为了将各个交通线连接起来而在城市西部设计了新的广场，这些广场所在区域的地势相较于东部广场所在的区域来说更为平坦。

2. 高程

大连城市的整体地形地貌的特征主要是山地丘陵多，平原低地少。结合数字高程模型（Digital Elevation Model，DEM）地图（图 4–1），对大连市内四区土地利用进行分析。

研究表明，大连市广场中海拔最高的是旭日广场，为99m，海拔最低的是东港音乐喷泉广场，只有 2m；48 个城市广场的平均海拔为 29m，其中海拔 48m 及其以下的区域是城市广场的主要分布区域，由此可见大多数城市广场分布在低海拔区域，低于城市广场平均海拔的广场也占绝大多数。

城市广场的四种类型在不同海拔高程范围也表现出

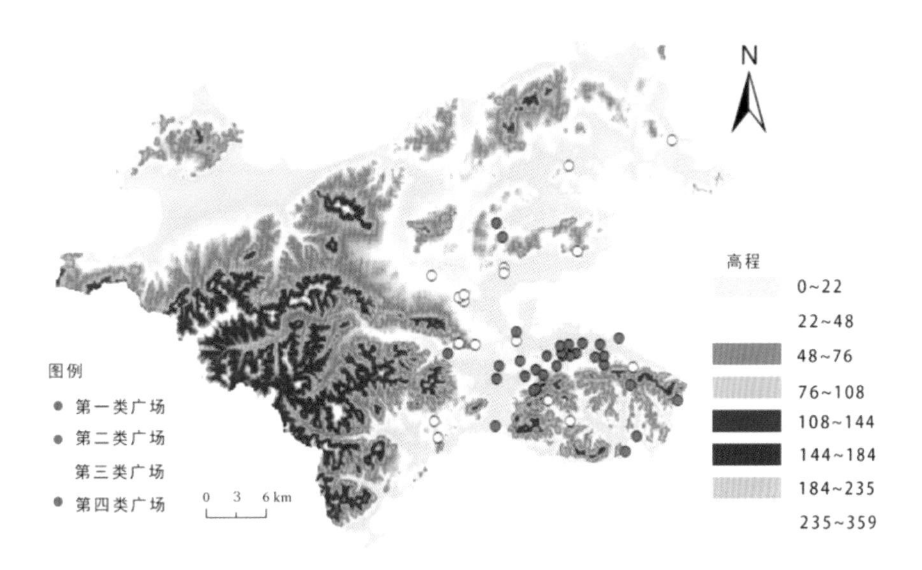

图4-1　大连市内四区城市广场高程分布 / 审图号：辽BS[2022]23号

一定的梯度差异，通过对大连市内四区的 DEM 数据和城市广场数据进行分析，并将四类城市广场作直方图分析（图 4–2），结果表明，第三类城市广场海拔最高为 38.80m，其他依次为第二类广场、第四类广场和第一类广场。四类城市广场平均海拔都在 22~48m，属于低海拔区域，其中只有少数广场（即华乐广场、花园广场、七星广场、山峦广场、求智广场、石道街广场、富民广场和旭日广场）海拔在 48m 以上，同时表明城市广场基本位于城市的居民生活、商业服务、旅游休闲和交通要道的区域内，这些地区地势较为平坦，其中少数广场是在低矮的丘陵区域内。

3. 坡度

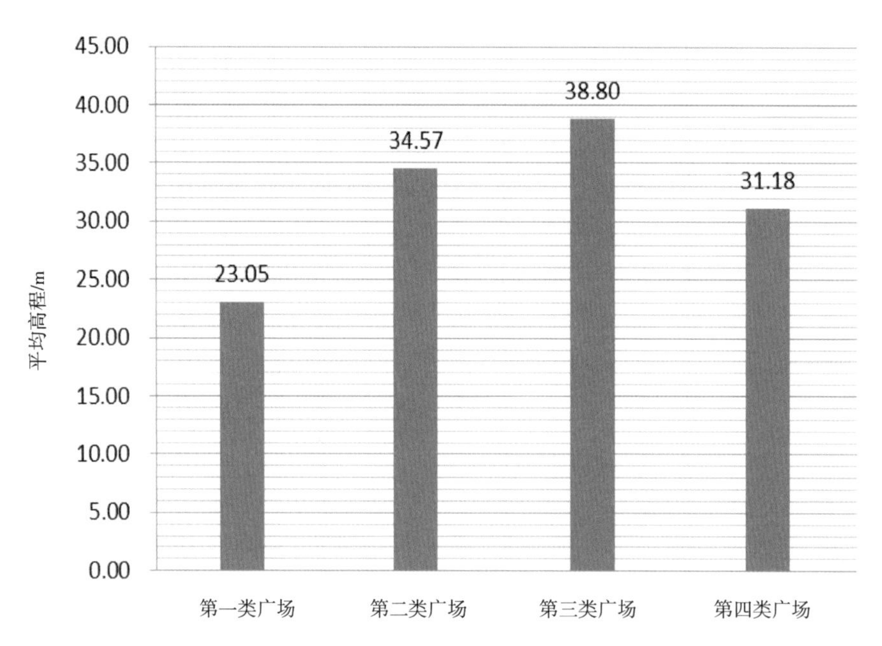

图4–2　四类城市广场平均高程分异图

大连市内四区城市广场的坡度叠置分析的研究结果表明，大连市内四区的最大坡度达到 49°，而城市广场坡度主要分布在 11° 以下，其中坡度最大的是大连门广场，达到 10.92°，因此按照自然间断法将大连市内四区城市广场的坡度分为五类（图 4–3、表 4–1）。大连市内四区城市广场大多数分布在地势较为平坦的区域，坡度小于 4°的城市广场占到总广场数量的一半以上，7° 以下的城市广场区域占总广场区域比达到 98.25%。第一类城市广场和第二类城市广场主要分布在 10° 以下的城市区域；第三类城市广场则分布在 7° 以下的城市区域；而第四类城市广场在城市区域分布中出现断层的现象，但是大部分广场仍

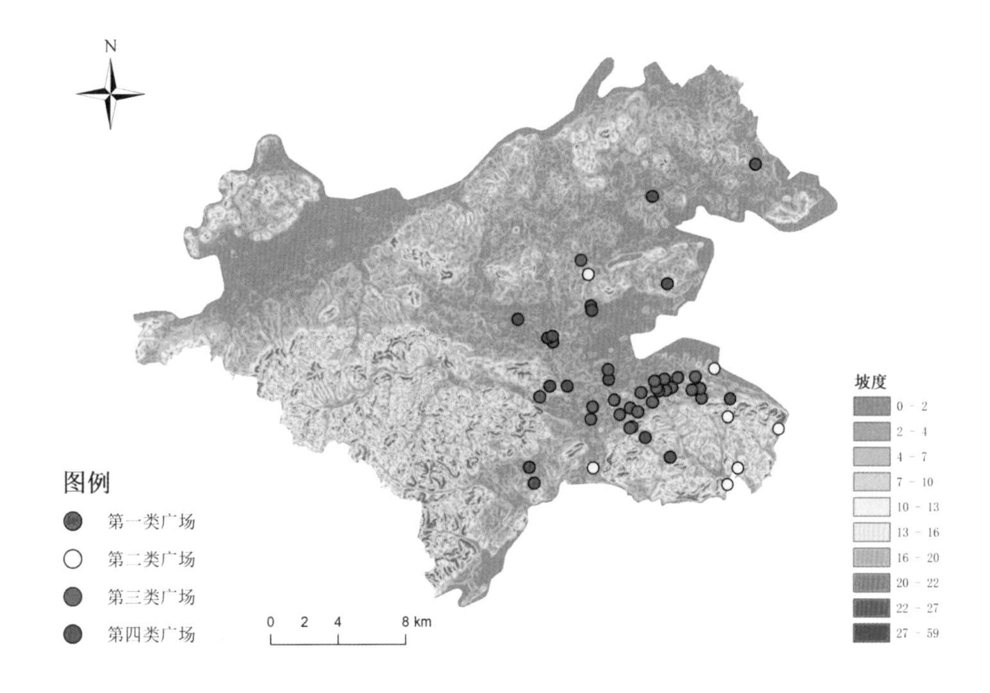

图4-3　大连市内四区城市广场坡度分布梯度 / 审图号：辽BS[2022]24号

分布在 7° 以下的城市区域，只有大连门广场所在的区域坡度最大。

总体来说，在中华人民共和国建设时期，城市广场的建设更注重与自然地理环境的融合，利用大连市独特的自然地理环境建设独特的广场，大连中心城区濒临黄海海域，大连城市广场也随着滨海沿岸与地形起伏的影响，形成一条黄海沿岸具有独特景色的广场风景带，并为城市市民提供休闲娱乐的滨海休闲空间，如东港音乐喷泉广场、虎雕

表4-1　各坡度区间四类广场的分布差异　　　　　　　　　　　　单位：hm^2

坡度	第一类广场	第二类广场	第三类广场	第四类广场
0°～2°	16.94	110.60	3.81	16.55
2°～4°	21.94	1.00	0.35	6.48
4°～7°	2.52	22.34	1.98	5.81
7°～10°	0.72	2.40	0	0
10°～13°	0	0	0	0.62

广场和星海广场等。

自然因素对于广场空间格局的影响，主要是广场在空间的分布状态。早期，大连的自然地理条件，使广场的空间分布呈现出最原始的状态，广场的建设很大程度上受到自然地理条件的限制；随着城市的快速发展，自然地理条件对广场的分布限制作用越来越小，人们开始利用自然、改造自然，使大连城市广场呈现出如今的空间分布状态。

二、经济因素的影响机理

较之"城"因战争而生，"市"则因交易所现——经济是一个城市发展的动力，也是促使城市化进程加快的重要条件，如今城市规划是每个城市阶段发展的重要步骤，在城市规划时应合理制定每个区域的发展功能。因此，城市广场景观的设计必定离不开当地经济发展和财政的支持。

在中华人民共和国成立初期至改革开放前，这一时期大连城市广场在建设数量和质量上相对较为落后，很大的一个因素就是这一时期由于战争过后城市百废待兴，经济发展相对缓慢。改革开放后，随着大连被列为中国首批沿海经济开放城市，大连的经济建设得到快速发展

（图 4-4），广场建设的数量在此之后迅速增加；进入 21 世纪以来，在经济快速发展的同时，城市形象也被每个城市的政府部门逐渐重视起来，旅游业的发展对于大连来说显得尤为重要，而大连城市广场建设的优劣状态离不开经济条件的支持，大连城市经济的良好发展也将会对城市广场的建设做出巨大的贡献。

经济因素对于广场的空间格局影响体现在广场内部空间改善和整体数量增加上，随着大连城市经济的快速发展，大连市政有了更多的资金，对广场进行改造、扩建和新建。

三、社会因素的影响机理

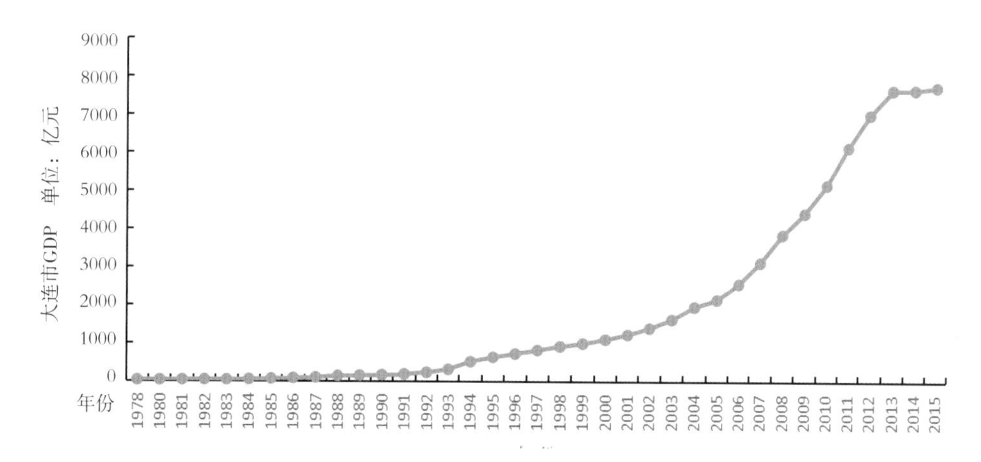

图4-4　1978年后大连市年度生产总值（GDP）增长状况

大连作为东北地区经济最发达的城市之一，虽然城市建设只有一百多年，但是这百余年的城市扩张及人口的变化是大连经济得以持续领先的最重要的保障（图 4-5）。

在沙俄殖民时期，1904 年大连的建成区面积达到 4.25km^2，城市人口达到 4 万余人，沙俄殖民时期将城市分为市政区、欧洲人居住区、中国人居住区，这一时期的城市广场主要分布在欧洲人居住区和市政区，而这种城市规划主要是为了满足殖民者的需求，当然，也是由于这一区域居住的主要是欧洲人，因此要将具有欧洲代表性思想的广场建在这里，表面上是对城市的规划建设提供新的建设理念，但实质上依然是对当地人民的严重歧视。这一时期，无论是以教堂为主的城市广场，还是具有市政、交通、休闲功能类的广场，同样都是为了满足欧洲人的办公、出行和游憩需求。

日俄战争之后，1905 年日本开始殖民大连，城市建成区面积由沙俄殖民时期的 4.25km^2 扩大到了 1919 年的 15.7 km^2，城市人口达到 108228 人，城市规模继续扩大。随着人口的不断增加，日本殖民者开始了新的城市区域扩充规划与建设，城市区域逐渐向西部拓展，城市发展的重心也逐渐向西部转移。至 1924 年，大连的城区面积达到 35.58 km^2，1929 年末人口达到 26 万人。在 1904 ~ 1945 年这 40 余年的时间里，大连的建成区面积由最初的 4.25km^2 扩大到 45.7 km^2。人口的增加和城市建成区面积的不断扩大，使城市广场的建设在空间上的分布随着城市的扩张也在不断地增加，这一时期城市广场的主要功能是方便市民的出行。

从中华人民共和国成立至今，大连城市广场随着社会结构的不断变化和改善，服务功能也日益完善和丰富。改革开放以后，大连的城市社会空间结构产生重构与分异的演变趋势，城市广场建设也必然受到国家意识形态、居民居住选择和开发商的市场行为等因素的影响，尤其是受到以人为本的意识形态的影响更加显著，从大连城市人口结构来看，大连市从中华人民共和国建立初期到现在，城市人口每年都在不断地增加，城市建成区面积同样在改革开放后（图 4-5 中，红色曲线是对缺失年份依据上一年的数据变现出来的曲线图）不断地扩大。

大连城市广场的建设随着城市的扩张和人口的增加，其空间分布范围也在随着城市人口的分布而逐渐扩大（图 4-6），反过来城市广场的建设也同样会影响人口的分布，如数码广场和学苑广场周边的人口在 2000 年时分布较少，而到了 2010 年广场周边人口分布逐渐增多。

此外，在城市人口密度较高的区域，广场分布的数量也较多，一方面，城市广场的建设为城市发展提供了便利条件；另一方面，城市建设和人口的分布是促进城市广场建设的重要条件。

城市道路主要分为城市内部道路和城际道路，城市规

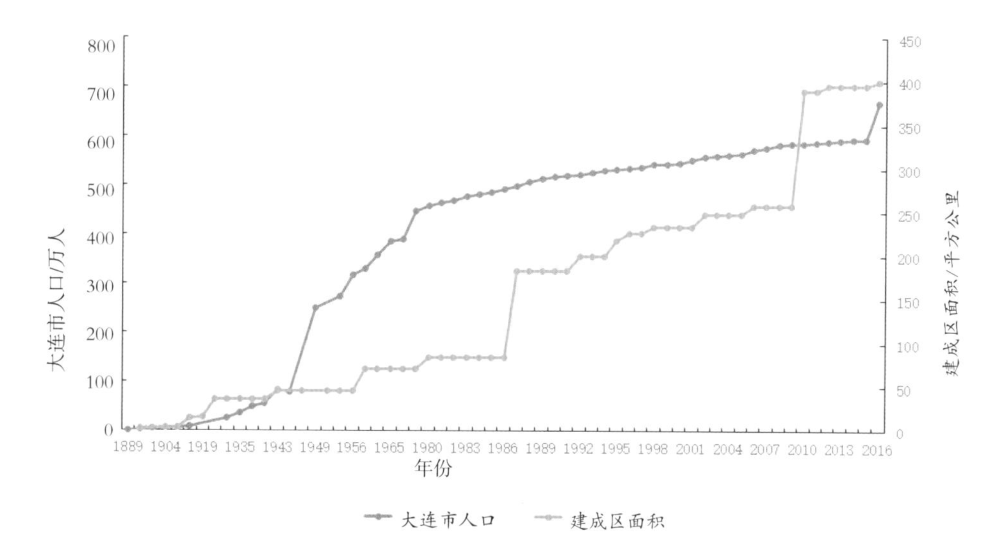

图4-5　城市规模变化

模的扩张同样也会带来城市道路的增长，笔者主要对大连市 1986 年以来城市道路面积的变化趋势进行研究，并将其与城市广场之间的关系进一步探讨，从表 3–1 中了解到大连城市广场的建设年份，表 3–1 则展现了每个阶段广场建设的数量，将其与图 4–7 城市道路建设面积的变化趋势相对比，可以得出随着城市道路建设面积的增加，城市广场的数量也随之增多，而且从此四种类型的城市广场中看，交通型广场数量达到 17 个，可以得出城市道路的建设对于城市广场的空间分布是非常重要的一个因素。

社会因素，主要表现在随着人口的不断增加，人们对于城市公共空间如广场的需求也会增加，从而广场的数量也会随着增加，考虑到广场是为城市居民所服务的，因此

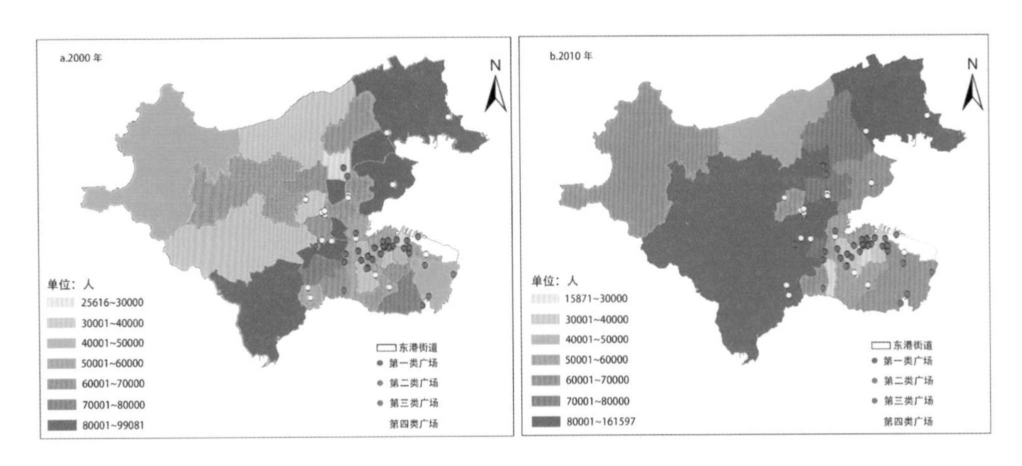

图4-6　大连城市人口分布年际变化 / 审图号：辽BS[2022]25号

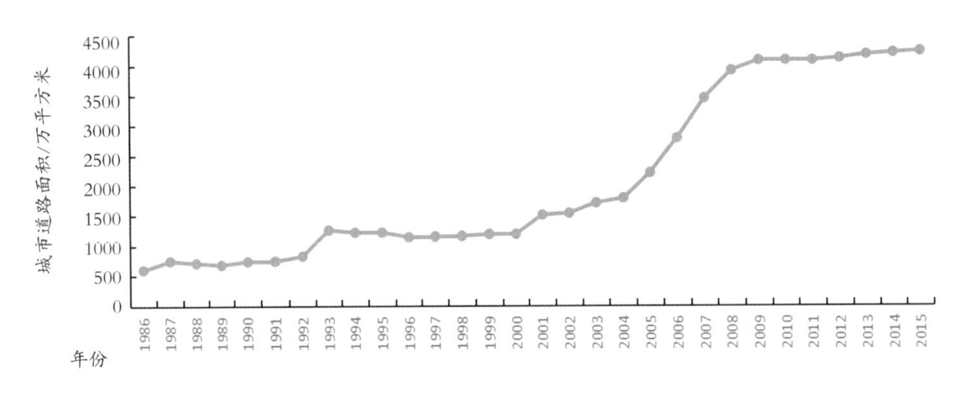

图4-7　城市道路变化趋势

广场的设计也会更加的人性化。功能型广场的出现，更能体现出不同的社会需求，使广场的功能更具多样化。

四、政治因素的影响机理

大连城市广场建设至今，每个时期都有其不同的规划设计者，城市广场在建设时不可避免地带有一定的政治色彩，加之由于每个时期的政府对于城市建设发展的需求不同，使城市广场的建设受到各种各样政策的影响（表 4–2）。

沙俄殖民时期，为了将大连打造成一个“全世界贸易中心”，对于大连的城市规划，主要是借鉴了欧洲的城市规划思想，在广场建设上也是采用星型放射状体系，而此时的广场规划建设为大连市后来 100 多年的广场规划建设奠定了基础。

在日本殖民的前期，只是对沙俄殖民时期原有建设的城市广场进行重新改造；到了日本殖民的中后期，从 1919 年开始，城市发展重心逐渐向西部转移，城市广场的建设也转向西部城区，这一时期的城市广场建设的数量比沙俄殖民时期增长一倍，广场的功能也随着快速发展经济的目标转变为交通疏导型广场。

中华人民共和国建立初期，大连市的广场更多地体现出苏联的特色。20 世纪 60 年代中后期城市广场的建设处于停滞状态；改革开放后，1984 年国家将大连市作为第一批沿海城市，这一政策促使“80 规划”“90 规划”以及“新世纪规划”相继出台，大连的城市建设得到快速发展，从而展现出新的城市形象，尤其是显著的广场特色。

进入 21 世纪的大连，城市广场建设又得到了快速发展并逐渐走向成熟，2004 年，由我国住房和城乡建设部等四部委联合发文《关于控制和清理城市建设中脱离实际的宽马路和大广场的建设通知》，通知中要求对城市广场的相关规划进行严格要求和规范。今后，我国对城市广场的建设规模从总体上进行控制，小城市应该控制在 $1hm^2$ 以内，中型城市应控制在 $2hm^2$ 以内，大型城市应控制在 $3hm^2$ 以内，特大城市应控制在 $5hm^2$。因此，从 2004 年至今大连建设的城市广场在数量上仅有两个，广场的规模也较小，比较特殊的东港音乐喷泉广场由于建设在填海造陆的土地上，外用土地并不是城市原有的土地资源，所以规模较大一些。截止到 2016 年大连市内四区的广场数量达到 48 个，在数量上达到历史之最。

政治因素对广场空间格局的形成，主要表现为政府对

表4-2　大连城市规划对城市广场的影响

年份	涉及城市广场的规划内容	对城市广场的影响
1899年	在沙皇的授予下，颁布了关于大连自由港的相关敕令，由东清铁路的公司来负责港城的相关规划，在建市之前，萨哈罗夫以总工程师的身份来编制大连市的首张铁路、城市和港口的相关规划图纸	在萨哈罗夫的城市规划中，仅仅设计了3个广场：大市场、中国区市场、娱乐场
1900年	斯科里莫夫斯基受邀加入大连市的工程建设团队中，带来了当时欧洲最先进的城市设计理念和实践经验，改变了萨哈罗夫原有的城市规划，最终确定了早期的大连市的城市规划	在斯科里莫夫斯基的城市规划中，共设计了15个广场：欧洲区11个、行政区3个、中国区1个。基本确定了早期大连城市广场的分布框架
1905年	日本殖民者发布了《大连市专管地区设定规则》及《大连市市街房屋管理临时规则》，地区设定规则是在延续沙俄殖民者规划的基础上，将大连分为军用地区、日本人居住区和中国人地区三部分	由于沙俄殖民时期时间较短，并未完成建设所有规划的城市广场，日本殖民者最初是对原有的8个城市广场进行改造和修缮
1919年	日本殖民者，关东厅发布了《市街扩张规划及地区区分》，使得城市建成区面积逐渐增大，城市发展的重心也逐渐西移	随着城市发展向西部扩张，城市广场的建设也随之在西部城区建设起来，共规划建设了5个城市广场
1934 ~ 1937年	大连都市化规划出台了对于大连火车站的迁移及对应的街路规划的方案	在迁移后的火车站新址处，修建了大连火车站站前广场
1938年	日本殖民者公布了《关东州规划令》，并对城市广场的建设做出了新的规划	此次规划的城市广场达到11个，但是由于日本殖民者忙于全面侵华战争，使得新的城市规划并未得以实现
1955年	经大连市委、市人委部署组织，历时数月，提出了《大连市近期规划》	对战争后的城市广场进行改造修建
1958年	中华人民共和国成立以来第一部大连市城市总体规划，称为“58规划”	由于此时更多的是注重城市的整体发展，广场的建设在这一时期相对较少
1966 ~ 1976年	由于城市规划等机构的解散，并未出现相关的城市规划政策	城市广场的建设也同样受到限制
1985年	国务院通过《大连城市总体规划(1980 ~ 2000)》，并将规划分为近期、中期和远期。规划范围重点是大连市内的四个城区。此次规划由于是从1980年开始，因此又称“80规划”	广场的建设较建国初期开始增多，新建和改造扩建的广场达到11个
1990年	大连政府部门批准了《大连市城市总体规划调整》的报告。规划部门称为“90规划”	大连城市规划部门对城市广场的建设尤为重视，这一次的总体规划，大连市的城市广场建设达到了14个
2004年	国务院批复了《大连城市总体规划(2000 ~ 2020)》	随着大连的建成区面积不断扩大，人口也逐渐增多，原有的城市广场分布也无法适应大连的规划建设。在新世纪时代，大连市规划部门继续加快对城市广场的建设

资料来源：作者整理。

整个城市公共空间的规划，是广场在整个城市的空间分布以及广场所具备的功能。

五、生态环境因素的影响机理

生态环境因素，主要是指广场自身的环境状况，以及广场对周边环境产生的影响。随着经济社会发展理念不断更新，如何正确处理经济建设、城市发展与生态环境之间的关系，进而达到绿色、自然、和谐的可持续发展，成为城市建设者们必须思考的重要问题。

在沙俄殖民时期，自然环境对于大连的城市广场显得尤为重要，由于当时的广场建设在地形较为突出的地方，人们无论是站在广场中央，还是行走在街道上，沿着宽阔的大街放眼望去，视野里或是绿山耸峙，或是海天相接，水色天光，给人以恬淡、舒适和赏心悦目之感，让城市里的人们随时能感受到自然的存在。

在日本殖民时期，由于在这一时期广场的建设主要是交通疏导型，随着城市的不断建设，广场周边的生态环境有所下降，广场原有的环岛建筑被一分为二，绿化率减少。

到了中华人民共和国建设时期，在中华人民共和国成立初期，广场的建设主要是将城市广场和绿地公园放在一起；改革开放后，随着城市建设的不断发展，城市广场在建设的数量上逐渐增加，城市广场的绿化率也得到进一步扩大，如星海广场在建设之前，所处的位置是星海湾的一个废弃垃圾填埋场，为了改善这一区域的生态环境，1993年大连市政府启动了星海湾改造工程，利用建筑垃圾填海造地并在此处建成国内最大的城市广场，以及经过东部地区的土地整治工程（图4-8）建设的东港音乐喷泉广场等。

六、技术因素的影响机理

技术因素是指在广场的配套设施以及建筑设计方面所体现出来的科学技术，并通过这些技术设计出代表一个时代的广场建筑风格。在当今快速发展的科学技术时代，大连城市广场今后的设计与建设离不开这些新技术条件的支撑——大连是一个滨海城市，受其自然条件限制大连在设计广场时要充分考虑到这一因素，通过科学技术手段使广场景观更加多样化、配套服务设施更加完善与先进，并使其不仅能对当地经济发展做出贡献，同时也能够满足城市居民的使用需求。

在沙俄殖民时期，正值第二次工业革命时期，因为沙俄此时并未进入新的工业革命时期，在对大连的规划建设中虽然参考了很多欧洲的设计思想，但是由于技术落后，广场中间只设计了一些教堂 v 式的建筑或绿色草地。到了日本殖民时期，虽然在这一时期技术有了提升，但是由于更注重发展经济或道路建设，对于广场的规划建设，只考

2010年东港区填海工程

2010年土地整理工程

图4-8　2010年东港区域生态环境

虑方便交通出行，技术上的优势并没有在广场上得到体现。

到了中华人民共和国建设时期，由于国家的三年经济恢复期及第一个五年计划的完成，使得广场建设的技术层面也有所提升，1954 年在斯大林广场（今人民广场）上修建了“中苏友好纪念塔”。随着新时期技术得到进一步的发展，广场上的设施不断更新。20 世纪 90 年代，大连市政府对中山广场进行了全面的升级改造，改造总面积为 22680 m^2。2000 年，对星海广场设施进行升级改造，新建喷泉水池 26 处，设有喷泉 114 组，共有喷头 3430 个，水下灯 2092 盏，水泵 604 台，水形以涌泉、雪松为主。还有 2015 年，新建设的拥有目前全国第二大喷泉的大连东港音乐喷泉广场，广场周边安装了 10 根 30m 的远射程高杆灯，喷泉池周围安装了 16 盏石柱灯，内部由立体环绕的 688 个喷头和 2772 盏水下彩灯组成，共设计 10 种独立水型，最高水柱可达到 80m。

第二节
城市广场空间格局演变的驱动力分析

哈斯在发表于2003年《应用地理学》期刊的一篇文章中认为，城市化的发展必然带来城市区域的外延扩张和城市内部用地结构的重组[174]。而这种变化也必然会给城市空间格局的演变带来重要影响，当然城市广场空间格局演变也不例外。目前，曹银贵等人对于土地利用变化驱动因素的研究，主要从经济因素、制度因素、技术因素和自然生物因素等方面进行探讨[175]。对于土地利用变化驱动力研究的数据主要是社会经济统计数据和土地利用数据，在方法上通过数学统计分析方法，建立土地利用变化定性的概念模型与数学模型，进而探讨土地利用变化的相关主导因子[176]。在研究短时期范围内的土地利用变化时，刘涛等人认为在土地利用变化中社会经济条件的变化是起着至关重要的作用[177]。在上一节中，对于城市广场空间格局的形成采用了定性的分析。而本节根据大连市社会经济发展的数据，将各项数据量化，以此对大连市城市广场空间格局演变的驱动力进行分析。

一、城市广场空间格局演变驱动机理的模型

根据大连建市一百多年来社会经济发展状况和城市广场空间演变特征，研究得出，城市广场的演变主要受到经济发展水平的上升、城市规模的扩张、交通条件的完善、产业结构的调整、城市绿地面积的扩大以及人口分布的范围等几个重要的驱动力影响因子。并提出以下假设：

（1）H_1：城市规模扩大对城市广场空间格局变化的影响。在沙俄殖民时期，大连建成区面积只有 4.25km^2，大体上位于今天的中山区；到了日本殖民统治时期，城市规模不断扩大，1944 年建成区面积达到 45.7 km^2，城市规模进一步扩大；中华人民共和国建设时期，改革开放后随着国家政策的调整，大连的经济建设和城市规模得到快速发展和扩大。随着经济发展和城市规模的扩大，大连的城市人口密度同样在不断增加。所选用的指标是：年末人口数 X_1、人口密度 X_2、土地面积 X_3、建设用地面积 X_4、建成区用地面积 X_5。

（2）H_2：经济增长是城市发展的一个主要动力。当经济快速发展时，会带来收入水平和城市建设投资的增加，并促进城市规模的快速扩张，反之则会使城市空间扩张处于停滞状态，城市广场的空间分布亦是如此。因此，所选用的指标是：地区生产总值 X_6、社会消费品零售总额 X_7、城镇单位在岗职工工资总额 X_8。

（3）H_3：城市广场在演变过程中，广场规模的大小、数量的多少、功能的优化等必将会受到城市绿地和交通条件的影响。城市道路的完善可以节约时间的成本，并影响城市广场的位置，进而加速城市的扩张，城市绿地面积的增加从另一方面反映出广场的扩大趋势。所选用的指标是：城市道路面积 X_9、城市建成区绿化覆盖面积 X_{10}、城市绿地面积 X_{11}、城市公园绿地面积 X_{12}。

（4）H_4：固定资产的投资是城市广场空间演变格局的直接动力。政府对城市广场建设投入的资金，主要来自政府财政预算等资金的注入量。此外固定资产的投入会对城市广场的空间格局的变化起到重要的驱动作用。所选用的指标是：固定资产投资完成额 X_{13}、地方公共财政收入 X_{14}、地方公共财政支出 X_{15}。

（5）H_5：产业结构的调整，是决定城市性质和城市经济功能的内在因素，产业结构的调整会引起人口由农业型向工业型及后工业型的转化，是城市化进程的重要特征，同样也是城市物质形态演变的主要原因和促进城市发展的真正动力[178]。因此，产业结构的改变同样会带来城市广场空间格局的变化。所选用的指标是：第一产业占地区生产总值的比重 X_{16}、第二产业占地区生产总值的比重 X_{17}、第三产业占地区生产总值的比重 X_{18}、规模以上工业企业总产值 X_{19}。

（6）H_6：城市广场的社会需求带动城市广场空间格局的变化。城市广场的建设一方面是城市发展的必然产物，另一方面是城市居民生活的必然需求。城市广场在基础设施建设方面的完善，主要来自人民群众的社会需求。所选用的指标是：全社会用电量 X_{20}。

二、数据选取与处理

笔者在选取数据时，充分考虑城市扩张和人口变化的因素，利用好城市发展的数据，以此来解析大连市内四区城市广场空间格局的演变机理[179-180]。

因此，在前面 6 个假设的前提下，本着综合性、科学性和以人为本的原则，选取大连市 1994 ~ 2015 年 21 年的系列数据。采用因子分析方法提取影响主因子，揭示城市广场演变的过程中的主要驱动力。该分析方法可以在相关性分析的基础上，将相关性较高的指标，合并为相互独立的公因子，从而达到数据缩减、降维，并保留原来数据信息的目的，尤其适用于大量指标的评价。根据统计学原理，在各个因子变量不相关的情况下，因子载荷 F_i 是第 i 个因子变量的相关系数，即 F 在第 i 个公共因子变量上的相对重要性。因子载荷绝对值越大，则公因子和原有变量的关系越强[181]。

具体的指标依次为年末人口数 X_1（万人）、人口密度 X_2（人/km^2）、土地面积 X_3（km^2）、建设用地面积 X_4（km^2）、建成区用地面积 X_5（km^2）、地区生产总值 X_6（万元）、社会消费品零售总额 X_7（万元）、城镇单位在岗职工工资总额X_8（万元）、城市道路面积X_9（m^2）、城市建成区绿化覆盖面积X_{10}（hm^2）、城市绿地面积X_{11}（hm^2）、城市公园绿地面积X_{12}（hm^2）、固定资产投资完成额X_{13}（万元）、地方公共财政收入X_{14}（万元）、地方公共财政支出X_{15}（万元）、第一产业占地区生产总值的比重X_{16}、第二产业占地区生产总值的比重X_{17}、第三产业占地区生产总值的比重X_{18}、规模以上工业企业总产值X_{19}（万元）、全社会用电量X_{20}（万千瓦·时）。以上资料来源于《中国城市统计年鉴》（1994 ~ 2015）、《城市建设统计年鉴》（1994 ~ 2015）以及部分街区资料。

从这 20 个变量中很难得出哪一个是影响广场空间分布的主要因子，而哪些则是对广场的干扰变量，因此笔者采用逐步回归的方法进行回归建模。在 SPSS20.0 中进行线性回归分析，选择逐步回归法，对数据进行逐步回归剔除多余的变量，并通过逐步回归得到最后的回归方程。

根据逐步回归分析法的计算原理，对选择的 20 个变量进行逐步回归运算，最终得到回归方程的自变量，其中第三产业占地区生产总值的比重X_{18}、城市绿地面积X_{11}（hm^2）、社会消费品零售总额X_7（万元）、规模以上工业企业总产值X_{19}（万元）共 4 个指标列入回归方程的自变量中，而其他 14 个指标则被剔除。得出最后的回归方程如式（4–1）所示：

$$Y=1.817X_{18}+0.210X_7+2.233X_{11}-3.306X_{19}-0.053 \quad (4-1)$$

三、结果分析

为分析城市广场空间分布的影响机理，笔者主要从大连市社会经济发展方面，假设了影响城市广场空间分布的 20 个影响因素。主要采用逐步回归模型方法对城市广场的 20 个因素变量进行逐步回归计算，避免了各变量之间的共线性问题。从最后得到的回归方程看，城市广场的空间分布与第三产业占地区生产总值的比重X_{18}、城市绿地面积X_{11}（hm^2）、社会消费品零售总额X_7（万元）、规模以上工业企业总产值（万元）X_{19}4 个指标有关。同时也表明城市广场的空间分布受到社会因素、生态环境因素、经济因素等诸因素的影响。

第三节 小结

自然因素对城市广场空间形成的影响主要表现在大连的自然地理环境所呈现出来的地形、地貌特征等；社会因素对城市广场分布的影响主要体现在每个时期的人口分布和土地利用现状，随着不断增长的城市人口，原有的城市建成区已不能满足城市发展的需求，因此城市规模也在不断扩大，进而城市的土地利用也会不断增加，城市广场的分布需要考虑满足市民的日常出行、休闲、娱乐等活动；政治因素对广场的影响主要体现在城市广场的建筑风格和城市广场的功能等方面，尤其是广场在不同时期所具备的功能之所以不同，主要因素就是政治以及决策者在每个时期进行的城市规划政策；经济因素主要指的是政府在每个时期对广场建设的资金投入，以及对广场配套设施的升级和更新改造工程的支持力度；生态环境因素主要体现在广场内部的环境，尽管每个时期广场上的设施有所不同，但是从建设初期到成熟时期广场内部都具有一定的绿地空间；技术因素对广场空间分布的影响，主要表现在每个时代的城市广场建设技术的进步，它使城市广场可以分布在各个地方而不受自然地理条件的限制，另外城市广场的内部升级与改造也离不开技术条件的支撑。

从城市广场的空间分布来看，自然因素的影响机理对城市广场的空间分布起着至关重要的作用，是整个广场空间分布的框架基础，如大连市山地丘陵多、平原低地少的地貌特征，使城市广场的建设受到一定的限制。而社会、经济、技术等因素有加速了城市广场的空间分布格局（图 4-9）。

通过对城市广场的影响因素及影响因子的分析表明，城市扩张是城市广场分布格局演变的直接原因，而经济发展是城市广场空间格局演变的根本原因，城市广场空间格局演变的提升力来自产业升级，交通等基础设施的完善是城市广场空间演变格局的主要引导力，社会需求则拉动了城市广场空间演变的格局；最终影响广场空间分布的主要驱动力因素是社会因素、经济因素和生态环境因素。

大连城市广场的空间分布受到一系列因素的影响，最终形成了现在的空间分布格局，并对未来广场的空间分布格局产生重要的影响。

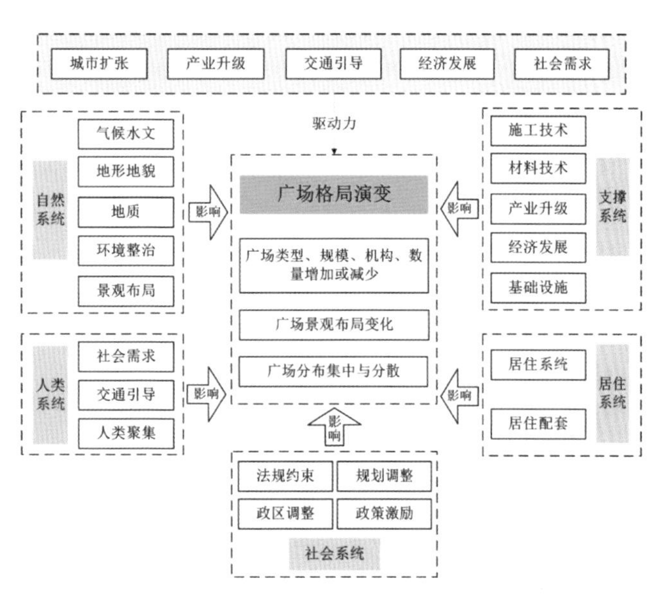

图4-9　城市广场的空间形成与演变的驱动机制

CHAPTER

5

Chapter 5

第五章　基于人居服务功能的城市广场规划发展的思考

为了使大连城市广场各人居服务功能协调发展，促进大连城市空间结构进一步优化提升，凸显综合型城市广场、游憩型城市广场、商服型广场、交通型广场的特征与结构，故提出以下几点城市广场规划建议。

第一节
改善周边的绿色生态环境

人类的生产生活与自身发展都离不开自然的恩赐，城市广场则是保留自然景观、筑造人文景观的时代产物。古罗马的建筑学家很早就意识到广场的重要性，他们认为，靠近广场的大会堂的建筑应当位于尽可能温暖的地方[182]——这样，在冬季商人们聚集在那里就不会受气候影响。中国古代的广场建设也同样注重“天人合一”思想，广场在布局设计时考虑气候、地势等自然环境因素。随着工业时代进程的逐步加快，人与自然之间和谐、平衡的关系逐渐被破坏，直到近年来又加强了对生态环境的重视，尤其是加快生态文明建设等一系列措施的提出，我国对生态环境的认识更加深刻。如今，在城市广场的设计与建设过程中，更多地考虑自然与周边人居环境因素，尽可能地保护原有的生态环境，结合不同地区气候、地形与植被等要素的差异，凸显广场自身个性[183]。因此，在最初设计时，设计规划部门要全面分析城市的各项信息，综合筹划自然景观与基础设施相适应的城市广场，不仅要保护局部或周边的环境条件，也要考虑人类对广场功能的需求程度，不仅要满足生态化的特征，也要凸显以人为本的设计原则。

在上一章节的自然因素的影响机理中，大连市的地形地貌特征为山地丘陵多，平原低地少。不同城市的不同区域都有自己鲜明的自然环境特点，大连市根据不同地理位置与城市建设的需要，建造了不同功能的城市广场，为市民提供了不同方面的便利条件。特别是结合了自然特征与人文特征的城市广场，给大连市整体带来了舒适的视觉体验，拉近了外来游客与大连自然环境的距离。大连市各广场建设普遍注重人与自然生态和谐的要求，城市广场空间的设计较大程度地迎合了大连市光能、热能等资源的利用及大气温度与湿度、供水与排水、土壤与地质等条件，极大程度地尊重了该区域原有的自然景观与地势地貌，从而突出了不同区域的人居环境特点。

需要注意的是，大连部分城市广场的建设还存在一些不足：如友好广场、金湾广场等，并没有使广场自身与周边环境更契合地融合到一起；部分广场的绿化并没有对周边生态环境进行有效合理的带动，如五一广场、西南广场等，规划过于重视城市广场本身的建设，而忽略了广场周边的环境建设，不仅在视觉效果上略显突兀，在人居服务功能方面也较弱，以五四广场为代表，花费了大量的人力、物力、财力对该广场建设进行了投资，过分强调了植物的装饰性，忽略了周边城市居民的需要，再如海军广场大量的草坪建设，使居民在炎炎夏日难以找到纳凉休憩的空间，照明设施的不足，使居民在进行夜间休闲活动时多了一份阻碍；除此之外，部分广场对灌木乔木栽培的随意性，并没有起到理想的效果，使整体视觉效果较为凌乱，不仅造成了经济方面的浪费，也没有达到最初对生态景观的理想设计。

因此，在进行城市广场设计时，除了要考虑大连市整体空间及自然要素，还必须因地制宜设计绿化，注重以人为本的原则——不仅要注重广场本身的建设，也要综合考虑周边环境的特点。

（1）在生态建设方面，应当重视生态系统自身的净化能力，合理规划与设计。植物不仅能够在呼吸过程中维持着“碳—氧”平衡，还可利用叶子表面的蒸腾作用，吸收太阳辐射热、降低空气湿度、调节气温与湿度，从而降低城市的热岛效应[184]。因此植物的遮阳防辐射功能也是广场种植植被的优势，绿化后的广场地面辐射热仅为未进行绿化的广场地面的 1/15 ～ 1/4。此外，大面积的广场植被还起到了调节噪声污染、吸收空气中粉尘及悬浮颗粒物的作用——由于空气质量问题日益被市民重视，大量植被便成了改善空气质量的主要手段。需要注意的是，由于土壤与地势等原因，有的广场区域适宜移植树木，而有的则需要绿草——因此在广场植物配置方面，应当采用多样化手段，综合考虑视觉效果与环境改善目标，既注重乔木、灌木、绿草、鲜花之间的合理配置，提高生态环境的稳定性，也满足了城市居民改善空气质量的需求。

（2）在人文环境建设方面，对城市空间进行绿化，可以在快节奏生活中放松城市居民的心情，可以改善城市居民的身心体验，因此大部分城市广场的建设以绿色为主色调。另外，不同形状、不同颜色的城市广场，作为城市空间的主要景观元素，其独特的变化也可以给城市居民带来不同的感官享受——植物随季节的颜色变化、小动物随植物的形态变化等，都可以给城市居民带来不同的城市面貌与居住氛围，可以用视觉、嗅觉、听觉的不同体验谱写出一段生动活泼的生活交响曲。居民在这样的环境中进行自己喜欢的活动，不仅可以感受自然、亲近自然，更可以放松身心，对居民自身与城市的健康发展起到了积极作用；不仅如此，广场绿化还可以使空间格局更具有尺度感，根据不同区块的绿化或者植被颜色的区别，可以打造更加多元的城市形象；绿化对空间的间隔与遮蔽作用；可以使局部空间分隔开但整体空间融合，既满足城市居民对私密性的要求，也满足城市空间的亲密性要求。

（3）在提升周边居住区环境方面，追求居住环境的自然条件与设施配置的现代城市居民，首先会考虑广场周边的住宅小区，因为广场周边的绿化相对较好，周边地区环境也会相对干净整洁，居住的舒适度较高，广场绿化也会带动周边环境的空气净化、气温调节，使周围居民精神放松，也为他们的日常休闲活动带来了便利。因此，将绿色植物大范围应用到城市广场中，不仅是视觉效果的提升，更是改善人居环境的需要，在现代化建筑林立的城市空间中，尽可能地将自然植被引入，弱化高层建筑给城市居民带来的紧张感，使得人们再一次认识自然，拉近人类居住系统与自然系统的距离，无形中提升居民对生态环境建设的意识，也是人们喜欢到广场周边定居或暂居的主要原因之一。

第二节
提高社交开放环境功能

近些年来大连市的城市规模不断扩大、人口分布范围逐渐扩大及社会经济建设水平不断提高，使大连城市形象日新月异。广场是形成城市区域网络的一个重要环节，它为城市居民提供了共享的城市空间，城市公共空间又可以从多方面反映出一座城市的精神状态，初来乍到的游客甚至可以从城市广场看出这座城市的整体经济水平、居民生活质量以及文化素质水平，因此，城市广场在区域之间、城市之间、省与省之间甚至国家之间起着不可替代的社交作用，城市广场的规划建设也必须顺应时代的发展以及城市的需要。

城市广场作为拥有社交功能的城市公共空间，不仅对人与人的沟通有着重要的意义，对城市本身的建设也有着不可小觑的作用。尽管不同学者会通过时间顺序或者功能演变来区分城市广场的作用，但其社交功能一直隐含在各个时期各种类型的城市广场之中，而且这种社交功能一般都比较综合全面，可能随着时间或广场的使用过程变化，产生具有某一倾向性的社交功能改变。所以在最初规划设计时，不能用静止的眼光机械性地分析城市广场的公共社交作用，以防无法适应未来城市广场社交功能的转变，或者妨碍了城市居民或者其他部门对公共空间更有创造力的使用。由于景观观赏或者散步游玩等需要，城市广场是大多居民在日常休闲活动时会着重考虑的聚集地，所以在设计与改造初期更要全面地考虑人性化的设计，使设计尽可能考虑到细节之处，能够更加贴近居民的感受，而不仅仅是一味地追求城市美感，而是城市居民愿意到城市广场活动。居民聚集的地方，社交功能相对较强，所以为提升城市广场对周边或者城市整体活跃度的有效带动，应尽可能地给人舒适感与亲切感。

但是，城市广场用地种类繁多、规模不同，其具备的功能与属性也多种多样，因此在对植被或绿地面积的科学设计规划并形成体系之后，要按其整体风貌及区域布局来定位社交功能。城市广场的面积是有限的，在进行社交功能设计时，一定要紧密结合地区特有的地理位置、交通可达性以及周边基础设施等各种条件，考虑当地的风土人情及文化气息，创造出自然与人文等层次感兼具的城市公共空间。例如，如果一个城市广场仅作为交通广场，那么它的社交功能只存在于过往的车辆之间，其社交功能强度会明显弱于城市休闲广场或者住区广场。

改善城市广场的社交功能，不仅要重视绿色植被的规划，也不能忽视水体对发挥社交功能的重要性，尤其是海滨城市对水的情怀，如喷泉、瀑布等[185]，可以说水体作为可供居民观赏的景观，在城市广场社交功能中扮演着很重要的角色[186]。通常，静态的水面可以使广场表面更具有层次感，动态的水体可以为广场带来活力，不仅可以有效地间隔空间，更能活跃广场的气氛，使居民或游客获得更多的参与感。除此之外，如同绿色植物一样，水体在改善环境方面也有着非常重要的作用，不仅可以调节气温、控制噪声，在汇集和排泄天然降雨及人工洒水方面也起着很重要的调节作用，同时为周边植物或者水生动植物提供了生长条件。因此，在设计广场时充分考虑水体具有的社交功能，融合居民各样情感，设计不同水质景观，也会给城市居民带来不同的视觉与心理感受。

大连的城市广场不仅重视绿色生态建设，也恰当地融入了水体要素，使得作为滨海城市的大连城市广场具有更明显的景观特点。大连以广场数量多闻名，社交功能的重要性也就不言而喻。整体来看，大连市能够合理规划城市广场的建设与布局，重视城市广场的社交功能，大部分城市广场可达性较高，尤其是社交功能表现突出的中山广场、星海广场、胜利广场、奥林匹克广场等，服务范围较广，城市居民与游客都能较方便地到达。需要注意的是，部分广场在社交功能上仍存在不足：一些广场空间过大，如东港广场；一些广场选址不当，如凯旋广场，导致较多设施无法合理利用，没有有效地发挥社交功能。此外，大连市大部分城市广场的社交功能没有对周边有效带动，建议在广场周边适当增加如图书馆、博物馆等公共文化交流中心[187]，不仅可以提升文化的发展，更能促进居民的交流。在经济迅速发展的大环境下，大连应当利用广场的便利条件，更多地组织或者承办一些市民活动，提升与完善广场的社交服务功能，满足居民的日常活动需求。当然，在这一过程中也不能忽视商业化开发的合理性，以防在过于重视社交功能的同时，使原有的其他功能受到冲击。另外，良好的城市广场环境是提供社交功能的基本条件，大连城市广场在卫生环境管理方面也存在着不足。例如，尽管有城市绿化、环境卫生及执法部门保障城市广场环境，但是还应该提高市民的环境保护意识，如可以在广场（及）其周边位置设置警示牌，定期在广场上开展一些公益环保活动，这样既可以提升公民的素养，也可以有效整治广场环境，还可以使城市广场社交功能得到增强。

第三节
提升游憩共享空间尺度

大连市广场建设技术方面的提升，对广场内部设施的升级和改造可在一定程度上影响广场功能的多样化，如建设音乐喷泉和大型标志性建筑，都能对游客起到一定的吸引作用。作为贴近居民日常生活的城市广场，其游憩功能有着越发重要的地位[185]，随着现代经济的快速发展，城市内部空间结构也在不断完善，以游憩休闲为主要功能的城市广场规模不断扩大，其共享的空间尺度也应随之提升。城市广场的游憩功能在不同程度上提升城市广场的共享空间，不仅提升了城市居民的幸福感，也缓解了土地利用过于集中的现象，使居民或游客在出行活动放松身心时有较多选择。

城市广场可以作为城市游憩共享空间，其前提条件应该是交通的可达性，便利的交通以及便捷的线路，会使城市广场的使用率大大提升，而且广场周边的环境会直接影响广场游憩功能的发挥，如果城市广场周边有很多的商业建筑物或者居民住宅小区，那么就会有很多居民来进行休闲娱乐活动，反之则人迹罕至。大连部分城市广场，如东港广场，离市中心较远，地理位置较偏僻，交通可达性较差，由于广场规模、景观构建、土地价格等原因，选择了周边住宅小区较少、交通不方便的偏僻地段，有私家车的居民可以自驾去游玩，但是对于老年人、儿童或者没有合适交通工具的群体来说，没有前往城市广场的方便途径，如果耗费体力财力去观赏城市广场美景，也在某种程度上背离了去广场休息放松的最初目的——这些现象提示我们：在规划以游憩为主要功能的城市广场时，首先要考虑交通可达性较高的地理区域，以方便更多的市民或者游客休闲游玩[188]。城市广场的游憩功能主要是针对老年人及儿童，老年人的闲暇时间比较多，大多数老年人都会在自身特定的时间、地点从事身体允许范围内的锻炼活动，出于身体条件以及心理环境而选择在城市广场进行适当的户外活动，不仅可以锻炼身体，也可以结交同样在广场休息或锻炼的其他老年朋友，加强与外界的沟通，提升内心的愉悦，充实精神世界。此外，儿童也同样是城市广场的固定使用群体，年龄较小的儿童，会在大人的带领下，或怀抱或推车或踉踉跄跄地学习走路，呼吸新鲜空气，感知外部世界；年龄稍大的儿童，有较强的自主行动能力，可以与伙伴们进行简单的球类运动或者骑车等小型户外活动。学生或中青年，大部分会在茶余饭后或者假期选择到广场进行短暂的放松，使用广场的时间段较为集中，活动也较为局限。城市广场的游憩功能不仅为不同年龄段的居民提供休闲公共场所，满足城市居民的需求，还为城市整体带来活力，在一定程度上提升城市形象。

在城市广场中进行游憩活动，主要分为静态和动态两种类型。其中静态活动是以坐下休息为主，无论什么年龄段的群体都会把小坐作为基本需求，但是有的城市广场为了整体效果，把提供桌椅座位的休息区等基础设施设计得华而不实，无法让居民舒适地坐下休息，有的甚至为了环境不设置座椅，使得居民在很累或者身体不适的情况下选择席地而坐，不仅造成了居民内心的不悦，也达不到最初的设计本意。动态活动，分为闲逛、游戏和健身活动。当城市广场视觉景观及其他建筑景观较好时，居民很愿意在广场闲逛，但若广场人烟稀少、场地过于空旷，也没有其他观赏景观时，大多数居民都会选择尽快离开或者找地方坐下。游戏或者健身这一系列动态活动，对城市广场的基础设施要求不高，但对休憩共享空间开放程度要求较高，需要大面积且平坦的场地进行动态活动，如广场舞、打拳、下棋、球类运动等[189]。所以提供游憩公共空间的城市广场在地理区位选择和环境要素设计上都需要反复考量。整体而言，大连城市广场众多，但可以提供居民游憩的广场较少，主要以星海广场和东港广场为典型代表；一些广场只作为交通枢纽存在，如友好广场、解放广场、马栏广场等；另一些广场，如中山广场，虽然能提供城市共享空间，但由于开放尺度较小，地理位置致使对广场环境要求很高，很少有居民会随意地进行休闲活动；而一些广场如虎雕广场，追求大规模、大气势，在设计规划时没有对广场进行合理定位，缺乏对居民需求的考虑，在进行大量投资或大面积改造之后，较偏离该区域的文化背景，在广场建成之后，很少有居民有意愿去休息游玩，使用率比较低，不仅荒废了土地的利用，同时也造成了物力财力的浪费。

除了上述交通是否便利和娱乐设施因素之外，下面这些问题也应当注意。部分广场如奥林匹克广场等，由于过于追求广场的视觉效果，在图案和色彩方面追求创新，观赏价值高，但实用度较低，比如路面不平整或者过于光滑，灯光昏暗或者夜间无照明设施，没有座椅或者树荫等[189]，不仅造成资源的浪费，也会给人们带来较大的不便，会降低长期在广场活动的居民的满意度，或者使其寻找其他可以代替的场所，导致城市广场使用率较低。还有一些广场，如东港音乐喷泉广场，在设计时忽略了大连四季气候变化较为明显，城市景观也会发生变化，部分植物在春夏会呈现别样的视觉体验；但到了秋冬季节带给居民的却是枯枝落叶的荒凉景观，恰逢此时有前来的外来游客，可能会对大连的城市形象略打折扣；若再加上雨雪季节，广场没有有效的避雨设施，广场地面湿滑，居民进行休闲活动的体验感较差，这种由于季节带来的不同问题，属于广场对居民的分配不够合理，过于集中在某个时间段。还有一些广场如海军广场，缺少一些轻松愉悦的休闲氛围，比如大片绿色草坪不对居民开放，使居民没有归属感，游憩功能大幅降低。

城市广场文化是属于大众的文化，能反映出这座城市的个性，是城市形象的窗口[190]。

第四节
增强广场与居住区域的配套协调

位于社区的城市广场，通常是在居住小区居民集中的中心，为该区域居民提供锻炼身体、放松身心、行走静坐等各种活动的场所。因此，以提供居民便利活动场所为主要功能的城市广场，最适合的位置就是可以吸引周边居民以及交通可达性较高的区域。社区广场与住宅小区的位置关系，主要分为内向型和外向型两种[191]，内向型的住宅区广场位于社区的中心位置，这种类型的城市广场使其覆盖范围尽可能广且服务更加均衡，对于周围道路的设置也更加有组织性，但是公共基础设施和绿地会紧密围绕广场周围，使它们过于集中，没有将服务功能有效地分散开，提高城市广场使用率；外向型的住宅区广场主要规划于道路临街地段，可以使其尽可能同时为多个居住小区服务，这种类型的城市广场不仅在推广居住小区形象上有较好的效果，同时将其他居住小区的公共空间也融入了城市公共空间中，使空间能更好地相互融合。

随着城市居民生活质量以及文化水平的提高，还有目前对健身运动的追求，健身环境的设计已经不仅仅局限于规划设计中对一些固定运动场所的规范[192]，应该从更为人性化的角度将健身元素融合到城市居住区广场中，使居民在运动方面不再拘泥于场地的选择，将健身运动器材与周围良好的环境以及新鲜的空气完美结合，大幅提升居民的身心健康，人们的活动为城市广场注入新的活力与使用价值。至于体育设施配备，则应当充分考虑不同年龄人群的不同需求，不同的人群在从事健身活动方面有不同的倾向，所以在最初的规划设计时要尽可能有针对性地满足不同层次人群的需求：比如运动量不是很大的老年人，他们对运动器械的要求不高，较容易上手的运动器材就可以满足——但应该保证数量，以免刺激老年人的心理活动引发各种突发疾病，同时要考虑活动场所的路面情况，不要太滑或者太凹凸不平，给老年人行动带来不便，还要设置适量的座椅为老年人休息提供便利；为儿童提供活动空间的城市广场需要考虑的要素较多，不仅要满足儿童的心理需要[193]，还要注意器械的安全性，位置的选择要注意周边环境，是否有车辆路过或者地面及周边硬质物体的危险性，在儿童活动场地可以设置座椅等休息空间，以供照看孩子的家长休息，也能较方便地看顾孩子。当然，如果广场面积足够，还可以考虑设置网球、篮球等球类运动场地，不仅可以丰富居民的活动内容，更可以通过这种活动促进居民之间的沟通与交流。除了运动器材之外，在广场中还需要有为居民提供方便的基本设施，比如垃圾桶、报栏等，简单的基础设施可以给居民带来大大的方便。

为了提升城市广场的整体形象与利用率，就要增强居住区域的配套基础设施，使整体形象协调统一。为城市居民服务的社区广场，如富民广场、马栏广场、石道街广场等，大部分占地面积较为合理，基础设施较为完备，可以为居民提供集散、停车等的活动空间，但是还存在几点问题：从居住区的锻炼活动环境来看，虽然住宅小区户外活动场地以及运动设施在数量上都有不同程度的增加，但在活动场地和器械设施上还需要不断完善，如有的小区仅仅是在社区广场的周边放置了几个健身器材，而对周围的环境以及配套设施不加以更新，规划部门只是为了完成任务而增加基础设施，没有对它们进行合理配置，与周边环境也无法融合、不协调，交通可达性较低；再有，社区广场中设置儿童活动区，不同人群混合在一起活动，人多时容易导致儿童走失、受伤等问题，有的甚至在路面建设方面没有为老年人和儿童考虑，存在台阶过多、路面不平滑等问题，对腿脚不是很方便的群体来说都比较棘手，限制了他们的活动能力；有的广场给残疾人设置的坡道护栏，被孩子们当作滑梯来玩耍，或者在翻新改造过程中，剩余的土堆、砖头或者其他建筑材料，被孩子拿来当作玩具，这在无形中给儿童带来了危险；一些广场由于年代比较久，如富民广场，基础设施没有进行及时更新调整，夜间灯光忽明忽暗，有的地方甚至没有照明设施，为夜间活动带来了很大的不便；还有不少广场垃圾箱位置离住宅楼较远，不是很方便；有的广场疏于打理绿地植物以及水体景观，植物稀稀疏疏、枯枝落叶无人打理，水体表面漂浮着杂物，无人清理，不仅影响了路过行人或者小区居民的心情，也影响了小区的整体形象，等等。

第五节
小结

综合前文分析不难看出，大连城市广场数量众多，建设普遍较好，但是仍然存在几点不足需要改进。

（1）在生态建设方面，大连的部分城市广场存在自身生态建设不足且没有对周边环境进行有效带动的问题；广场植被存在过于强调装饰性、植物布局凌乱随意的现象。因此，未来在对大连城市广场生态建设规划设计时，要充分考虑整体空间及周边环境，开展因地制宜的规划和设计工作，注重以人为本。

（2）在社交功能方面，大连的部分城市广场或空间过大，或选址不当，或周边基础设施较少，弱化了城市广场的社交功能。未来，在保证城市空间结构合理布局、城市活动正常进行的前提下，应当充分利用广场的便利条件，组织或者承办内容丰富的市民活动，提升与完善城市广场的社交服务功能。

（3）在空间共享方面，大连的部分城市广场未能充分考虑城市居民的诉求，存在共享空间较小、交通可达性欠佳等问题。因此，在未来规划设计中，要在不同程度上提升城市广场的游憩功能，扩展共享空间，从而提升居民幸福感，提高土地利用率。

（4）在与居住环境协调方面，大连的部分居住区广场中针对老年、儿童活动区域及基础设施完善考虑欠缺。未来，这部分居住区广场的环境需要及时维护，配套设施应当适时更新，以便提升城市广场的整体形象及利用率。

Peroration and Outlook
结论与展望

第一节 主要结论

笔者吸收和借鉴了地理学、生态学、心理学、城市规划学等相关学科的理论和方法，围绕人居环境视角下的城市广场这一核心，构建了新的评价体系，并以大连为例从时间演变和空间分布尺度展开分析，得到主要结论如下：

（1）构建基于人居环境视角下的城市广场综合分类指标体系，从自然、人类、社会、居住、支撑五大系统出发，采用主成分分析方法对指标进行综合评价，最终提取出四个主成分因子。第一主成分因子主要与安全系统、教育文化、住宅系统、运动健身、城市医疗、商业服务、城市交通呈正相关，与生态环境、文化系统呈负相关，该因子与广场的居住系统和支撑系统相关程度高，广场在空间分布上较为集中；第二主成分因子主要与居民构成、文化程度及保障系统呈正相关，与心理指数、自然环境、安全系统、城市医疗呈负相关的状态，得分较高的广场在空间分布上较为零散，但多分布在自然景观优美的地方，广场占地面积较广；第三主成分因子主要与自然景观、文化程度、商业服务等变量呈正相关关系，与居民构成、教育文化、住宅系统、城市交通、城市医疗等变量呈负相关，在空间分布上的特征不是很显著；第四主成分因子与生态环境、心理指数、城市交通呈正相关，与自然景观、安全系统、保障系统、城市医疗、商业服务等变量呈负相关，广场在空间分布上呈零散分布，分散程度较高。

（2）根据提取的城市广场主因子得分，采用系统聚类法进行分析，最终将 48 个广场分为四类，即综合型广场、游憩型广场、商服型广场及交通型广场。综合型广场，包括奥林匹克广场、解放广场、海军广场、人民广场等 19 个广场；游憩型广场，包括海洋广场、星海广场等 7 个广场；商服型广场，包括马栏广场、华南广场等 5 个广场；交通型广场，包括数码广场、香炉礁广场等 17 个广场。

（3）大连的城市广场经历了从市政功能时期到综合功能时期的建设历程，不同时期广场所具备的功能和空间分布状态也有所不同。市政功能时期即沙俄殖民时期，大连城市广场在功能设计上有交通疏导类广场、标志性建筑广场、集市类广场和城市美化健身休闲类广场，而有个别的广场可同时兼具多种功能，但总体上广场的功能以市政功能为主；在空间分布状态上，城市广场主要在现如今的中山区内。交通功能时期即日本殖民统治时期，随着城市发展的西移，这一时期新建设的城市广场基本都在城市西部，广场在功能上主要是交通类型的广场；在空间分布上呈现出条带状的格局。综合功能时期即中华人民共和国建设时期，广场的功能逐步完善，数量也随之增多；空间分布上较为广泛。从整体来看，一百多年来大连的城市广场建设随着时代进步与发展，城市广场的功能也在不断顺应时代的变化，广场功能由原来的单一功能逐渐转变成多样化的功能。

（4）大连城市广场形状的演变过程，从市政功能时期的圆形和椭圆形到交通功能时期广场的形状以方形和三角形为主，再到综合功能建设时期出现了复合型和不规则形。城市广场的空间演化特征利用 Mapinfo 软件，以大连市政府所在的广场——人民广场为中心创建 1km 等距缓冲区和 16 个方向的扇形分区，得出大连城市广场主要分布的方向是在 NE ~ SE 和 NNW ~ SSW，其他方向呈零星分布状态。应用核密度函数和点密度分析、空间缓冲区分析对 1999 年和 2016 年大连市广场分布进行空间分析，广场空间集聚趋势明显，无论核密度还是点密度，中山区、西岗区、沙河口区及沙河口区与甘井子区交界区域都是城市广场分布的绝对集聚区；广场之间的关联性也呈逐步增强的趋势。城市广场的空间分布格局由“半圆形状”向“条带状”发展，最终呈现“Y 字型”格局。大连城市广场的空间格局演化模式，从最初的“三角形”，到后来的“梯形”，再到如今的“蝴蝶形”，其演化模式逐渐走向成熟。

（5）从人居环境的视角来看，大连城市广场空间格局的形成主要与自然因素、经济因素、社会因素、政治因素、生态环境因素和技术因素的影响有关：①自然因素对城市广场空间形成的条件主要表现在大连的自然地理环境所呈现出来的地形、地貌等，也可以说自然因素控制着广场的分布格局。②经济因素对广场的空间分布的影响，除了广场建设的数量多少，更重要的是广场本身的形象问题以及规模的大小。③社会因素对广场的空间分布首先要考虑人口的分布状态，因此不同区域的广场承担着不同的功能。④政治因素对广场空间分布的影响，主要是在城市广场的建筑风格和城市广场的功能，广场在不同时期所具备的功能受政治因素的影响比较显著。⑤生态环境因素对广场的空间分布影响相对较小，但是对广场内部的生态建设有着重要作用，生态环境直接决定整个广场的形象。⑥技术因素对广场空间分布的影响相对不大，但是广场内部设施的升级和改造可在一定程度上影响城市广场功能的多样化。

（6）从城市广场空间格局演变的驱动力因素看，通过对城市广场的影响因素的分析，结果表明：①自然条件因素对城市广场的空间分布起着至关重要的作用，是整个广场空间分布的框架基础。②社会、经济、技术等因素又加速了城市广场的空间分布格局。③城市扩张是城市广场分布格局演变的直接原因，而经济发展是城市广场空间格局演变的根本原因，城市广场空间格局演变的提升力来自产业升级、城市交通新功能等，基础设施的完善是城市广场空间演变格局的主要引导力，社会需求则推动了城市广场空间演变格局的分布状态。

（7）未来，在城市广场的规划发展中，大连市应当充分重视人居环境因素，积极改善绿色生态环境、提高社交开放程度、提升游憩共享空间、增强广场与居住区的协调性等，以期提升广场的整体形象、提高广场的利用率，从而为城市增光添色。

第二节 创新之处

在理论上，把人居环境的研究重点从居住空间扩展到了公共空间，研究公共空间中的广场，这一辐射面广、影响力大的公共空间对人居环境的功能作用及其提升途径；并为城市广场研究提供了一个崭新的视角。在研究方法上，笔者运用 GIS 技术手段对研究需要的影像数据、空间分布数据进行采集，并运用定量模型方法、空间分析方法、问卷调查法以及案例和文献分析法等多种方法，对城市广场进行了多维度研究，为城市广场研究提供了新的空间决策支持体系和技术手段。

第三节
不足与展望

一、不足

由于数据和资料所限，存在如下不足：

（1）尽管查阅了大量文献资料，也收集了对居民调查的第一手资料，但是由于笔者精力和时间有限，搜集问卷不能覆盖大范围的市民群体，再加上采用问卷调查的研究方法虽然具有一定代表性，但由于部分问卷的反馈信息缺失，影响了各项指标的准确性。此外，数据资料获取存在一定限制，如遥感影像精度较低，统计年鉴上的一些数据具有不连续性，在数据资料方面存在一定的缺陷，并且对于多元数据的整合度及规范性不足。

（2）在时间尺度上对城市广场研究的纵向比较有待深化。此外，暂时没有对不同广场的背景和发展历史逐一进行研究；由于篇幅限制，当前只是有针对性地研究了具有代表性的城市广场，没有全面评述大连市内四区的 48 个城市广场，对于大连市内四区以外的城市广场也并未涉及。

（3）本研究以人居环境为主要因素，在今后的研究中应将社会等其他因素一起纳入，而且国内不同地区的城市广场数据千差万别，能否对不同城市区域的改善达到预期设想，广场影响的范围、强度等都需要进行持续的调研。此外，笔者在对大连城市广场进行分析研究时，对国内其他城市广场研究结论对比不足。

（4）由于目前对城市广场人居环境方面的评价，并未有一个国际公认的科学评价标准。因此，本文对于大连城市广场人居环境方面的研究还有所欠缺。希望得到各位专家的批评与指正。

二、展望

（1）笔者选用的计算方法，为后续的研究工作做出铺垫，但是未来还需进一步丰富和发展本书构建的指标体系，从而提高评价结果的科学性和客观性。

（2）笔者结合定量分析与定性评价方法开展实证分析工作，据此对大连的城市广场建设提出一些政策建议，还需在今后的实践中进行验证。

参考文献
REFERENCES

[1] TURKYILMAZ C C. Interrelated values of cultural landscapes of human settlements: case of Istanbul[J]. Procedia–social and behavioral sciences，2016（222）：502–509.

[2] PESARESI M, EHRLICH D, FLORCZYK A J, et al. The global human settlement layer from Landsat imagery[C]//2016IEEE International Geoscience and Remote Sensing Symposiam(IGARSS)，2016:7276–7279.

[3] BUHOCIU D H, FLORESCU T C, CRACIUN C, et al. The environmental and social development of human settlements near the Danube[J]. Tradition and reform: social reconstruction of europe, 2013: 75–78.

[4] XUECAO L, PENG G. An ldquoexclusion–inclusionrdquo framework for extracting human settlements in rapidly developing regions of China from Landsat images[J]. Remote sensing of environment, 2016, 186: 286–296.

[5] HWANG J. Representing spatiotemporal context of public space for urban design [J]. 2013 fourth international conference on computing for geospatial research and application (com. geo), 2013: 153.

[6] BRANDIS D, DEL RIO I. Landscape and urban public space: the deterioration of the squares of the historic center of Madrid (1945–2015)[J]. Cuadernos geograficos, 2016, 55(2): 238–264.

[7] HANZL M. Modelling of public spaces in the quest for methodology for material culture research[J]. Ecaade 2013: computation and performance, Vol 1, 2013: 319–327.

[8] XUE C Q L, JING H, HUI K C. Technology over public space: a study of roofed space in the Osaka, Hannover, and Shanghai expos[J]. Journal of architectural and planning research, 2013, 30(2): 108–126.

[9] CHEN L, WEN Y, ZHANG L, et al. Studies of thermal comfort and space use in an urban park square in cool and cold seasons in Shanghai[J]. Building and environment, 2015, 94(2): 644–653.

[10] GÓMÉZ F, PEREZ CUEVA A, VALCUENDE M, et al. Research on ecological design to enhance comfort in open spaces of a city (Valencia, Spain)： utility of the physiological equivalent temperature (PET)[J]. Ecological engineering, 2013（57）: 27–39.

[11] PIRSAHEB M, ALMASI A, SHARAFI K, et al. A comparative study of heavy metals concentration of surface soils at metropolis squares with high traffic–a case study: Kermanshah, Iran(2015)[J]. ACTA medica mediterranea, 2016, 32(2): 891–897.

[12] ZAWIDZKI M. Automated geometrical evaluation of a plaza (town square)[J]. Advances in engineering software, 2016（96）: 58–69.

[13] 박훈. A Study on the place representation of urban planning facilities centering on parks and squares[J]. Asia–pacific journal of multimedia services convergent with art, humanities, and sociology, 2017, 7(1): 187–200.

[14] JAVADI H. Sustainable urban public squares[J]. European journal of sustainable development, 2016, 5(3): 361–370.

[15] 宋正娜，陈雯，张桂香，等. 公共服务设施空间可达性及其度量方法[J]. 地理科学进展, 2010, 29(10): 1217–1224.

[16] 刘志林，王茂军. 北京市职住空间错位对居民通勤行为的影响分析——基于就业可达性与通勤时间的讨论[J]. 地理学报, 2011, 66(4): 457–467.

[17] 张琪，谢双玉，王晓芳，等. 基于空间句法的武汉市旅游景点可达性评价[J]. 经济地理, 2015, 35(8): 200–208.

[18] 刘耀林，范建彬，孔雪松，等. 基于生产生活可达性的农村居民点整治分区及模式[J]. 农业工程学报, 2015, 31(15): 247–254，315.

[19] 高留柱，邢建方. 试论城市广场[J]. 中国园林, 1999(1): 10.

[20] 王富臣. 城市广场:概念及其设计[J]. 华中建筑, 2000(4): 93–94.

[21] 苑军. 中国近现代城市广场演变研究[D]. 北京：中国艺术研究院, 2012：204.

[22] 王蕊. 大连城市广场的发展史及利用状况研究[J]. 安徽农业科学, 2010, 38(21): 11624–11626.

[23] KARIMINIA S, SHAMSHIRBAND S, HASHIM R, et al. A simulation model for visitors' thermal comfort at urban public squares using non–probabilistic binary–linear classifier through soft–computing methodologies[J]. Energy, 2016（101）: 568–580.

[24] 이애란. Landscape plans for KTX Dongdaegu station square[J]. Journal of east asian landscape studies, 2016, 10(3): 83–94.

[25] 王家涛. 现代城市广场的功能性研究[D]. 武汉：武汉理工大学, 2008. 53.

[26] 李长君，李永君，杨春凯. 现代城市广场形态特质分析[J]. 规划师, 2002 (3): 45–48.

[27] 李晓倩. 西安城市广场形态的类型化基础研究[D]. 西安：西安建筑科技大学, 2012：122.

[28] 史晓松. 现代城市广场中的地域文化特色[D]. 北京：北京林业大学, 2007.

[29] 李文，杨彬彬. 城市广场环境评价和满意度研究[J]. 北方园艺, 2009 (7): 222–224.

[30] 李晓红. 城市广场的多元空间环境设计——以济南泉城广场为例[J]. 安徽农业科学, 2010, 38(14): 7637–7638.

[31] 庞瑞秋，侯春蕾，宋飏. 长春城市广场空间演变及其社会学辨析[J]. 现代城市研究,

2015 (6): 78-84.
[32]李东升，张宝龙，李露. 基于 AHP 法的城市广场静态休憩空间适宜性评价——以洛阳市城市广场为例[J]. 山东农业大学学报（自然科学版）, 2015, 46(1): 82-85.
[33]胡利珍，陈盛彬，高建亮，等. 衡阳市四大休闲广场POE调查研究[J]. 安徽农业科学, 2011, 39(5): 2908-2909, 2926.
[34]任倩岚，蒋烨. 环境心理学在城市广场空间环境人性化设计中的应用[J]. 长沙铁道学院学报(社会科学版), 2003 (3): 63-65.
[35]徐永利. 略论城市广场空间的精神向度——上海城市广场现状解读[J]. 华中建筑, 2010, 28(8): 21-24.
[36]段进. 应重视城市广场建设的定位、定性与定量[J]. 城市规划, 2002 (1): 37-38.
[37] 李新海. 浅析现代城市广场规划设计[J]. 山西建筑, 2008 (17): 70-72.
[38] 赵健彬，王洪海. 我国城市广场设计与建设中存在的问题及对策[J]. 山西建筑, 2006 (1): 19-20.
[39]颜俭慧. 重庆市华宇广场人居环境心理调研[J]. 南方建筑, 2006 (11): 95-96.
[40] 车轩. 浅谈西方城市广场演变中的人文因素[J]. 中外建筑, 2013 (9): 36-37.
[41] 武文婷. 不同性质城市广场绿化率指标分析[J]. 南京林业大学学报(自然科学版), 2007 (3): 129-132.
[42]中国大百科全书总编辑委员会.中国大百科全书[M]. 北京：中国大百科全书出版社, 1991：15-18.
[43]李德华. 城市规划原理[M]. 3版.北京：中国建筑工业出版社, 2001.
[44]王维仁. 关于城市广场公共性的思考[J]. 新建筑, 2002 (3): 15-16.
[45]高留柱，邢建方.试论城市广场[J]中国园林，1999（1）：11.
[46]廖伟平. 广州市城市广场绿化景观营造研究[J]. 西北林学院学报, 2013, 28(4): 235-239.
[47]胡晓斌. 现代城市广场的人性化设计探析[J]. 设计, 2017 (1): 148-149.
[48]郭坤. 城市规划对地方政府招商引资作用研究——以潍坊市高新区为例[D]. 济南：山东大学, 2014： 46.
[49]郭恩章. 对城市广场设计中几个问题的思考[C] //中国城市规划学会.中国城市规划学会2001年会议论文集，2001：5.
[50]陈竹，叶珉. 什么是真正的公共空间？——西方城市公共空间理论与空间公共性的判定[J]. 国际城市规划, 2009, 24(3): 44-49, 53.
[51]林翔. 中西方传统城市广场型公共空间比较研究[J]. 福州大学学报(自然科学版), 2009, 37(1): 86-93.
[52]陈竹，叶珉. 西方城市公共空间理论——探索全面的公共空间理念[J]. 城市规划, 2009,33 (6): 59-65.
[53]蔡永洁. 城市广场[M]. 南京：东南大学出版社, 2006.
[54]李芗，何昉，张勃. 关于城市广场的文化思考[J]. 中国园林, 2000 (4): 20.
[55]刘士林. 市民广场与城市空间生产笔谈(三篇)[J]. 甘肃社会科学, 2008 (3): 50.

[56] 陈锋. 城市广场公共空间市民社会[J]. 城市规划, 2003 (9): 56-62.
[57] 吴良镛. 人居环境科学导论[M]. 北京：中国建筑工业出版社, 2001：1-14.
[58] 李石磊，宋伟. 园林绿地对改善城市人居环境的作用[J]. 天津科技, 2012,39 (4): 31-32.
[59] 刘立涛，沈镭，高天明，等. 基于人地关系的澜沧江流域人居环境评价[J]. 资源科学, 2012,34 (7): 1192-1199.
[60] 黄宁，崔胜辉，刘启明，等. 城市化过程中半城市化地区社区人居环境特征研究——以厦门市集美区为例[J]. 地理科学进展, 2012, 31(6): 750-760.
[61] 李晖，王兴宇，范宇，等. 基于整体系统观念的人居环境绿地系统体系构建[J]. 城市发展研究, 2009, 16(12): 140-144.
[62] 李敏. 生态绿地系统与人居环境规划[J]. 建筑学报, 1996 (2): 36-41.
[63] 魏伟，石培基，冯海春，等. 干旱内陆河流域人居环境适宜性评价——以石羊河流域为例[J]. 自然资源学报, 2012, 27(11): 1940-1950.
[64] 李王鸣，叶信岳，祁巍锋. 中外人居环境理论与实践发展述评[J]. 浙江大学学报(理学版), 2000 (2): 205-211.
[65] 李雪铭，李建宏. 地理学开展人居环境研究的现状及展望[J]. 辽宁师范大学学报(自然科学版), 2010, 33(1): 112-117.
[66] 马慧敏.《建筑十书》比例思想研究[D]. 武汉：武汉理工大学, 2009: 58.
[67] 弗朗西斯科·阿森西奥·切沃. 世界景观设计：城市街道与广场[M].甘沛，译. 宿州: 百通集团，南京：江苏科学技术出版社, 2002.
[68] 蔡永洁.《遵循艺术原则的城市设计》——卡米诺·西特对城市设计的影响[J]. 世界建筑, 2002 (3): 75-76.
[69] DOUGHTY K, LAGERQVIST M. The ethical potential of sound in public space: migrant pan flute music and its potential to create moments of conviviality in a 'failed' public square[J]. Emotion， space and society, 2016, 20(SI): 58-67.
[70] SCHMIDT S. World wide plaza: the corporatization of urban public space[J]. IEEE technology and society magazine, 2004, 23(3): 17-18.
[71] BEMANIAN M, GHASEMI Z, SAREMI H, et al. Analyzing the effect of nature on social interaction in urban squares (case examples: squares of Tehran)[J]. Journal of fundamental and applied sciences, 2016, 83(si): 1113-1125.
[72] KARIMINIA S, AHMAD S S. dependence of visitors' thermal sensations on built environments at an urban square[J].Asian journal of behavioural studies,2018,3(10):43.
[73] ZAKARIYA K, HARUN N Z, MANSOR M. spatial characteristics of urban square and sociability: a review of the city square, Melbourne[J]. Procedia social and behavioral sciences, 2014(153): 678-688.
[74] 诺伯舒兹. 场所精神:迈向建筑现象学[M]. 施植明，译. 武汉：华中科技大学出版社, 2010.
[75] LENZHOLZER S, KOH J. Immersed in microclimatic space: microclimate experience and

perception of spatial configurations in Dutch squares[J]. Landscape and urban planning, 2010, 95(1-2): 1-15.

[76] MEHAN A. Investigating the role of historical public squares on promotion of citizens'quality of life[J]. Procedia Engineering. 2016. (161) 1768-1773.

[77] 克莱尔・库珀・马库斯,卡罗琳・弗朗西斯. 人性场所——城市开放空间设计导则[M]. 2版.俞孔坚，王志芳，孙鹏，等译.北京：中国建筑工业出版社, 2001.

[78] 莱昂・巴蒂斯塔・阿尔伯蒂. 建筑论—— 阿尔伯蒂建筑十书[M]. 王贵祥，译，北京：中国建筑工业出版社, 2010.

[79] DONG H, HUANG Q, PAN H. Study on people square's mass passenger flow management system launched in Shanghai urban rail transit[J]. Procedia-social and behavioral sciences, 2013（96）：751-765.

[80] KHALIFA M A, EL FAYOUMI M A. Role of hubs in resolving the conflict between transportation and urban dynamics in GCR: the case of Ramses square[J]. Procedia-social and behavioral sciences, 2012,68(1)： 879-893.

[81] SHEN W, XIAO W, WANG X. Passenger satisfaction evaluation model for urban rail transit: a structural equation modeling based on partial least squares[J]. Transport policy, 2016, 46: 20-31.

[82] HAJMIRSADEGHI R S, SHAMSUDDIN S, et al. The relationship between behavioral and psychological aspects of design factors and social interaction in public squares[J]. Procedia-social and behavioral sciences, 2014(140):98-102.

[83] KARIMINIA S, MOTAMEDI S, SHAMSHIRBAND S, et al. Adaptation of ANFIS model to assess thermal comfort of an urban square in moderate and dry climate[J]. Stochastic environmental research and risk assessment, 2016, 30(4): 1189-1203.

[84] Chen L,Wen Y,ZHANG L,et al.Studies of thermal comfort and space use in an urban park square in cool and cold seasons in Shanghai[J].Bullding dan environment,2015,94（2）:653.

[85] STOCCO S, ALICIA CANTON M, NORMA CORREA E. Design of urban green square in dry areas: thermal performance and comfort[j]. Urban forestry and urban greening, 2015, 14(2): 323-335.

[86] 陈晓彤. 中西方现代城市广场设计比较[J]. 华中建筑, 2002 (6): 60.

[87] 刘文秋. 略论城市广场规划建设[J]. 科技资讯, 2008 (34): 68.

[88] 陈晓彤.中西方现代城市官场设计比较[J].华中建筑，2002(6)：62.

[89] 李泽民. 初论城市商业中心的交通布局改善[J]. 武汉城市建设学院学报，1986 (2): 7-12.

[90] 王珂，夏健，杨新海. 城市广场设计[M]. 南京：东南大学出版社, 1999.

[91] 宋培抗. 城市规划与城市设计[M]. 北京：中国建材工业出版社, 2004.

[92] 吕明娟. 西安城市广场文化环境的营造[D].西安： 西安建筑科技大学, 2007： 74.

[93] 刘玉梅，刘瑞杰. 城市广场发展趋势探索[J]. 山西建筑, 2005 (18): 43-44.
[94] 邹德慈. 人性化的城市公共空间[J]. 城市规划学刊, 2006 (5): 9-12.
[95] 中国工程院院士邹德慈.人性化的城市公共空间[N].天津日报，(3).
[96] 薛健. 绿地・广场设计[M]. 南京：江苏科学技术出版社, 2004.
[97] 赵彧，虞大鹏. 广场与城市形象的塑造[J]. 中国科技信息, 2006 (17): 181-182.
[98] 姚萍，王源. 广场设计与城市意象营造[J]. 城市问题, 2005 (1): 33-36.
[99] 王光新，李静，张浪. 城市广场绿化中植物配置与造景的探讨[J]. 安徽农学通报, 2007 (2): 87-88.
[100] 武文婷. 不同性质城市广场绿化率指标分析[J]. 南京林业大学学报(自然科学版), 2007 (3): 129-132.
[101] 李岑，杨薇，林尧林. 武汉市城市广场春季热舒适研究[J]. 华中建筑, 2016 34(7): 34-39.
[102] 齐康. 建筑・空间・形态——建筑形态研究提要[J]. 东南大学学报(自然科学版), 2000 (1): 1-9.
[103] 洪亮平. 城市设计历程[M]. 北京：中国建筑工业出版社, 2002.
[104] 李长君，李永君，杨春凯，现代城市广场形态特质分析[J].规划师，2002(3):48.
[105] 陈锋.城市广场公共空间市民社会[J].城市规划，2003(9):62.
[106] 孙培芳. 城市广场的时空构成[D]. 合肥：合肥工业大学, 2004.
[107] 马仁锋，张文忠，余建辉，等. 中国地理学界人居环境研究回顾与展望[J]. 地理科学, 2014, 34(12): 1470-1479.
[108] 王中. 城市规划的三位人本主义大师——霍华德、盖迪斯、芒福德[J]. 建筑设计管理, 2007 (4): 41-43.
[109] BUTLIN F M. Tomorrow: a peaceful path to real reform. by E. Howard[J]. Routledge Abingdon Uk, 2003, 6(October): 139.
[110] 韩升升. 道萨迪亚斯的人类聚居学分析[J]. 科技致富向导, 2011 (23): 92.
[111] 湛东升，张文忠，党云晓，等. 中国城市化发展的人居环境支撑条件分析[J]. 人文地理, 2015, 30(1): 98-104.
[112] 邓茂林，张斌，余波，等. 城市人居环境评价的综述与展望[J]. 统计与决策, 2008 (23): 148-150.
[113] 宋金宇. 中国地理学界人居环境研究回顾与展望[J]. 城市地理, 2015 (10): 194.
[114] MAZLINA,MANSDR,NOR,et al.Residents' self-perceived health and its relationships with urban neighborhood green infrastructure [J].Procedia environmental science，2015 (28):433-442.
[115] 李陈. 中国城市人居环境评价研究[D]. 上海：华东师范大学, 2015: 213.
[116] 中华人民共和国国务院关于贯彻实施中国21世纪议程——中国21世纪人口、环境与发展白皮书的通知[J]. 中华人民共和国国务院公报, 1994 (16): 710-711.
[117] 吴良镛. 关于人居环境科学[J]. 城市发展研究, 1996 (1): 1-5.

[118] 中国科学院宜居城市研究团队.《中国宜居城市研究报告》发布我国城市宜居指数整体不高[J]. 国际城市规划, 2016(12):14.

[119] 朱晓清，甄峰，蒋跃庭. 国外慢城发展情况及对中国城市发展的启示[J]. 城市发展研究, 2011,18 (4): 84–90.

[120] 郑泽爽，甄峰. 宜居城市的人居环境与城市化研究——以广东省清远市为例[J]. 河南科学, 2008 (11): 1417–1421.

[121] 宁越敏. 中国都市区和大城市群的界定——兼论大城市群在区域经济发展中的作用[J]. 地理科学, 2011,31 (3): 257–263.

[122] 陈浮，陈海燕，朱振华，等. 城市人居环境与满意度评价研究[J]. 人文地理, 2000 (4): 20–23.

[123] 宁越敏，项鼎，魏兰. 小城镇人居环境的研究——以上海市郊区三个小城镇为例[J]. 城市规划, 2002 (10): 31–35.

[124] 李王鸣，叶信岳，孙于. 城市人居环境评价——以杭州城市为例[J]. 经济地理, 1999 (2): 39–44.

[125] 李雪铭，张英佳，高家骥. 城市人居环境类型及空间格局研究——以大连市沙河口区为例[J]. 地理科学, 2014,34 (9): 1033–1040.

[126] 董晓峰，杨保军. 宜居城市研究进展[J]. 地球科学进展, 2008 (3): 323–326.

[127] 张仁开. 长沙城市人居环境现状评价[J]. 城市问题, 2004 (2): 39–41.

[128] 朱彬，张小林，尹旭. 江苏省乡村人居环境质量评价及空间格局分析[J]. 经济地理, 2015, 35(3): 138–144.

[129] 李陈. 中国36座中心城市人居环境综合评价[J]. 干旱区资源与环境, 2017, 31(5): 1–6.

[130] 周来，柏文峰. 城市住宅小区人居环境科学系统分析——以昆明市呈贡区雨花毓秀小区为例[J]. 价值工程, 2017, 36(1): 175–178.

[131] 刘沛林.《农户空间行为变迁与乡村人居环境优化研究》评介[J]. 地理研究, 2016, 35(1): 203.

[132] 曾菊新，杨晴青，刘亚晶，等. 国家重点生态功能区乡村人居环境演变及影响机制——以湖北省利川市为例[J]. 人文地理, 2016, 31(1): 81–88.

[133] 谷永泉，杨俊，冯晓琳，等. 中国典型旅游城市人居环境适宜度空间分异研究[J]. 地理科学, 2015, 35(4): 410–418.

[134] 邵磊，厉基巍，杨春志. 大数据视角下的未来人居——清华大学“大数据与未来人居”学术研讨会综述[J]. 城市发展研究, 2015, 22(9): 121–124.

[135] 杰弗瑞・戈比.你生命中的休闲[M]. 康筝，译.田松，校译.昆明：云南人民出版社, 2000.

[136] 克利夫・芒福汀. 街道与广场[M]. 2版.张永刚，陆卫东，译.北京：中国.建筑工业出版社, 2009.

[137] 蔡永洁.《遵循艺术原则的城市设计》——卡米诺・西特对城市设计的影响[J].世界建筑，2002(3):75–76.

[138] G.卡伦. 城市景观艺术[M]. 刘杰, 周湘津，编译.天津：天津大学出版社, 1992.

[139] WAISMAN J, FERIANCIC G, FRASCINO T L. Urban renewal and mobility: the batata square project [J]. Procedia – social and behavioral sciences, 2014(160): 112–120.

[140] RASKOVIC S, DECKER R. The influence of trees on the perception of urban squares[J]. Urban forestry and urban greening, 2015, 14(2): 237–245.

[141] MANSOR M, HARUN N Z, ZAKARIYA K. Residents' self–perceived health and its relationships with urban neighborhood green infrastructure[J]. Procedia environmental sciences，2015(28):433–442.

[142] 傅兆国. 对大连城市广场人性化的反思[D]. 西安：西安建筑科技大学, 2007.

[143] 王雅林，董鸿扬. 闲暇社会学[M]. 哈尔滨：黑龙江人民出版社, 1992.

[144] 王琪延. 中国人的生活时间分配[M]. 北京：经济科学出版社, 2000.

[145] 徐明宏. 休闲城市[M]. 南京：东南大学出版社, 2004.

[146] 章海荣，方起东. 休闲学概论[M]. 昆明：云南大学出版社, 2005.

[147] 林方. 亚伯拉罕·马斯洛[J]. 外国心理学, 1982 (4): 51–53.

[148] 程宗玉，吴蒙友. 城市广场灯光环境规划设计[M]. 北京：中国建筑工业出版社, 2004.

[149] 朱仁元，金涛. 城市道路·广场植物造景[M]. 沈阳：辽宁科学技术出版社, 2003.

[150] 田勇. 城市广场及商业街景观设计[M]. 长沙：湖南人民出版社, 2011.

[151] 高迪国际HI–DESIGN PUBLISHING. 商业广场4[M]. 王丽娟，孙桐，穆雪荣，等译.南京：江苏科学技术出版社, 2014.

[152] 徐永利，略论城市广场空间的精神向度——上海城市广场现状解读[J].华中建筑，2010，08:21–24.

[153] 向武云. 论城市广场体育文化[J]. 湖北体育科技, 2006, 25(6): 621–623, 626.

[154] 彭新德. 长沙城市绿地对空气质量的影响及不同目标空气质量下绿地水量平衡研究[D]. 长沙：中南大学, 2014： 106.

[155] 李宏. 大型商业广场交通影响分析关键技术研究[D]. 武汉：华中科技大学, 2006：77.

[156] 杨挺. 南京鼓楼广场交通改造设计方案的探讨[J]. 中国市政工程, 1994 (2): 9–15.

[157] 何碧洁，周建华，肖景孝. 历史文脉在城市广场景观设计中的传承与发展——以西安大雁塔北广场为例[J]. 安徽农业科学, 2012,40 (2): 907–908.

[158] 李春姗. 基于层次分析法的城市广场综合评价体系构建研究[D].合肥： 合肥工业大学, 2012:89.

[159] 张文忠，余建辉，李业锦，等. 人居环境与居民空间行为[M]. 北京：科学出版社, 2015.

[160] 刘强，李世芬. 大连近代规划中产权地块划分的特征及启示[J]. 规划师, 2008 (6): 75–78.

[161] 董伟. 大连城市规划史研究[D]. 大连：大连理工大学, 2001:160.

[162] 大连市城市建设档案馆. 大连的广场[M]. 大连：大连出版社, 2007.

[163] 萧宗谊. 大连城市形态初探Ⅱ: 1905 ~ 1945年日本占领时期[J]. 大连理工大学学报, 1988 (S2): 35-50.

[164] 常静. 城市中心区人工地貌垂直发育模式研究——以大连市为例[D]. 大连：辽宁师范大学, 2004: 61.

[165] 周彦华. 大连城市广场形态研究[D]. 大连：大连理工大学, 2009: 105.

[166] 傅兆国. 对大连城市广场人性化的反思[D]. 西安：西安建筑科技大学, 2007: 108.

[167] 王昀. 论传统铺装的“韵”对现代城市景观铺装的启示[D]. 昆明:昆明理工大学: 2010: 85.

[168] 周妍. 辽宁大连城市广场景观研究[D]. 南宁：广西大学, 2013: 143.

[169] 李小文，曹春香，常超一. 地理学第一定律与时空邻近度的提出[J]. 自然杂志, 2007 (2): 69-71.

[170] 赵璐，赵作权，王伟. 中国东部沿海地区经济空间格局变化[J]. 经济地理, 2014, 34(2): 14-18.

[171] 孙才志，闫晓露，钟敬秋. 下辽河平原景观格局脆弱性及空间关联格局[J]. 生态学报, 2014,34 (2): 247-257.

[172] 吕韬，曹有挥. “时空接近”空间自相关模型构建及其应用——以长三角区域经济差异分析为例[J]. 地理研究, 2010, 29(2): 351-360.

[173] 吴玉鸣. 中国区域研发、知识溢出与创新的空间计量经济研究[M]. 北京：人民出版社, 2007.

[174] SCHINDLER M, CARUSO G. Urban compactness and the trade-off between air pollution emission and exposure: lessons from a spatially explicit theoretical model[J]. Computers ,environment and urban systems, 2014(45): 13-23

[175] CAO Y G, WANG J, CHENG Y, et al. Land use change and influential factors in reservoir area of Three Gorges[J]. Resources and environment in the Yangtze basin, 2007.

[176] BICIK I, JELECEK L, STEPANEK V. Land-use changes and their social driving forces in Czechia in the 19th and 20th centuries[J]. Land use policy, 2001, 18(1): 65-73.

[177] 刘涛，曹广忠. 城市用地扩张及驱动力研究进展[J]. 地理科学进展, 2010, 29(8): 927-934.

[178] 王磊. 城市产业结构调整与城市空间结构演化——以武汉市为例[J]. 城市规划汇刊, 2001 (3) : 55-58.

[179] 邵大伟. 城市开放空间格局的演变、机制及优化研究—以南京主城区为例[D]. 南京：南京师范大学, 2011 : 191.

[180] 尚正永. 城市空间形态演变的多尺度研究[D]. 南京：南京师范大学, 2011 : 246.

[181] 冯章献，王士君，张颖. 中心城市极化背景下开发区功能转型与结构优化[J]. 城市发展研究, 2010, 17(1): 161-164.

[182] 吴曼. 城市广场的文化内涵[D]. 南京：南京林业大学, 2009 : 60.

[183] 刘丽为，陈静. 城市广场人文规划设计述评——以成都天府广场为例[J]. 城市发展研究, 2009,16 (7): 67-70.
[184] 王波，王焱. 乔木的生态效益与城市广场的“亲和力”[J]. 华中建筑, 2004 (2): 110-111.
[185] 赵丽红. 滨海广场人性化设计研究[D]. 保定：河北农业大学, 2013 : 52.
[186] 刘婷婷. 地域特色在城市广场设计中的应用研究——以鄂尔多斯青铜器文化广场为例[D]. 呼和浩特:内蒙古农业大学, 2012:53.
[187] 蔡江冰，蔡响慧. 广场的空间形态与尺度——对大连市广场的调研与分析[J]. 科技致富向导, 2013 (24): 339.
[188] 徐磊青. 城市开敞空间中使用者活动与期望研究——以上海城市中心区的广场与步行街为例[J]. 城市规划汇刊, 2004 (4): 78-83.
[189] 邱建，郑振华. 城市游憩广场使用分析与优化设计[J]. 四川建筑, 2003 (S1): 12-13.
[190] 何丛芊, 杭州城市广场空间形态及景观研究[D]. 杭州：浙江大学，2006.
[191] 张蕊. 住区广场的设计研究——以石家庄部分住区广场为例[D]. 石家庄：河北农业大学, 2008: 53.
[192] 刘汉州，左满常，王蕾. 居住区“健身环境”设计[J]. 工业建筑, 2000 (11): 79-80.
[193] 石鑫. 基于环境行为学的城市儿童公共空间设计研究[D]. 长沙：湖南大学, 2014.

附录
APPENDIX

大连城市广场调查问卷

1. 您的性别：

[A] 男 [B] 女

2. 您的年龄在哪个区间内：

[A]18 岁以下 [B]18 ~ 35 岁 [C]36 ~ 60 岁 [D]60 ~ 80 岁 [E]80 岁以上

3. 您的文化程度：

[A] 初中及以下 [B] 高中、中专、技校 [C] 大专及本科 [D] 研究生及以上

4. 您的家庭构成：

[A] 一代家庭 [B] 二代家庭 [C] 三代家庭 [D] 单身

5. 您的职业背景是：

[A] 事业单位、公务员 [B] 公司、企业人员 [C] 私营业主或个体 [D] 待业 [E] 学生 [F] 退休

6. 您通过何种方式到达广场区域：

[A] 步行 [B] 公交车 [C] 自驾 [D] 地铁 [E] 其他

7. 您觉得广场周围运动场地的数量能否满足您健身的需要：

[A] 非常能满足 [B] 较能满足 [C] 一般 [D] 不能满足

8. 您觉得这个广场周边生活成本怎么样？

[A] 非常高 [B] 较高 [C] 一般 [D] 较低

9. 您觉得广场及周边的安全感系数：

[A] 很高 [B] 较高 [C] 一般 [D] 较差

10. 您一般在广场逗留多长时间：

[A] 半小时以内 [B]1 小时以内 [C]1~2 小时 [D]2~4 小时 [E]5 小时或以上

11. 您觉得这个广场及周边文化活动场所是否丰富？

[A] 非常丰富 [B] 比较丰富 [C] 一般 [D] 几乎没有

12. 您每天在广场休闲时的文字阅读量(包括手机、新闻)是:

[A] 半小时 [B]1 小时 [C]2 小时 [D]2 小时以上

13. 您一般从驻地到达广场所需的时间是:

[A] 半小时以内 [B]1 小时以内 [C]1~2 小时 [D]2~4 小时

14. 您期待每个月来广场的次数(归属感):

[A]2 次 [B]2 ~ 5 次 [C]5 ~ 10 次 [D]10 次以上

15. 您觉得广场周边停车的便利度如何?

[A] 很便利 [B] 一般 [C] 不便利 [D] 非常不便利

16. 您觉得这个广场能否增强你的幸福指数?

[A] 能增强 [B] 一般 [C] 较不能增强 [D] 不能

17. 您购买房屋时是否考虑周围有广场这个因素?

[A] 重点考虑 [B] 一般 [C] 较少考虑 [D] 不考虑

18. 您感觉这个广场及周边的治安如何?

[A] 非常好 [B] 较好 [C] 一般 [D] 差

19. 您觉得此广场及周边休闲娱乐便利度如何?

[A] 非常便利 [B] 较便利 [C] 一般 [D] 不便利

20. 您居住的房屋建于哪年?

[A]1990 年以前 [B]1990 年代 [C]2000 年代 [D]2010 年代

注　调研现场图片，作者拍摄

致谢
ACKNOWLEDGEMENT

光阴似箭，本书的撰写历时四年时光，心中感慨万千。这四年多的光阴，不过是宇宙变迁长河中的一瞬间，但却是我人生旅程中最难忘的时光，其中包含了老师、领导、同学、同事、亲人、朋友们的关心和帮助。我无以为报，只有铭记在心，感念致谢。

我向我的导师李雪铭教授致以崇高的敬意和最诚挚的谢意。本书无论是从选题角度、制订研究方案，还是研究中的指导、论文撰写，李雪铭教授都给予了我极大的帮助。李雪铭教授严谨的治学态度、博学的知识、精益求精的工作作风、丰富的科研经验、积极的人生观，无不使我受益匪浅、终生难忘。从李雪铭教授身上学到的不仅仅是科学知识，更多的是一种对待人生的态度和奋力拼搏的决心。

导师专业知识渊博、思想敏锐、思路前瞻、治学严谨、工作精益求精、师德高尚、诲人不倦、平易近人的人格魅力，不断启迪和鞭策着我。本书选题方向、研究思路和研究方法都倾注了导师大量的心血和汗水。导师在指导我完成学术研究的同时，还在工作和生活方面传授了很多经验和方法，使我受益匪浅，特别是老师“专业成才，精神成人”的要求一直铭刻在我的脑海。我始终牢记导师教诲，认真学习，踏实做人，努力工作，开拓创新。

感谢李永化教授、张威教授、张华教授、雷磊教授等辽宁师范大学各位老师在本书的撰写上给予我的指导，从平时论文的写作到现在著作的写作，都给予了很大的指导和点拨，这中间都倾注了各位老师的心血，正是老师们点点滴滴的教导，我的学识水平才得以不断提高；此外，多年来，各位老师在生活上也给予了我非常大的帮助，在此，向各位老师表示最诚挚的谢意。

感谢博士后合作导师许平教授的点滴指导，感谢大连工业大学副校长任文东教授的支持和帮助。感谢蔡运刚、赵健、张纯兵等各位友人给予的技术支持，各位同事在我撰写著作期间给予的关心、支持和帮助。

感谢杨俊教授、狄乾斌教授等各位老师在学习和生活上给予的帮助和支持。

感谢同门张春花、夏春光、姜斌、谷永泉、张德君、向华、李鸿奎、张英佳、吕芳、王勇、李欢欢、田深圳、同丽嘎、张靖、林淼、杨博思、李松波、赵朋飞、国安东、张大昊、孙赫、王淼等各位师兄、师姐、师弟、师妹在本书撰写期间给予的帮助和支持。

感谢历史文化旅游学院的武传表教授的支持和帮助，向慧蓉、张珊珊、李晓芳、冯安睿的帮助和支持。

感谢各位参考文献的作者给予的写作启发，正是在他们的研究成果的基础上，我更加顺利地完成本书。同时也向曾给予我关心、支持和帮助的各位老师、同学、朋友们表示由衷的感谢！

大连工业大学　高家骥

2022 年 1 月

内容提要

本书基于人居环境视角，对大连的城市广场分类、城市广场的发展历程和空间格局的演变、城市广场空间格局形成与演变的驱动机理以及城市广场规划发展的思考等方面进行了研究。以遥感影像、调查问卷、空间统计及社会经济等数据为基础，构建自然、人类、社会、居住、支撑系统中与人居环境相关的广场评价指标，并探索其时空分异特征及驱动机理。本书以中国广场型城市——大连市48个广场为研究对象，采用科学研究方法，得出一定建设性结论。

本书研究深入，内容翔实，研究方法科学有效，可作为设计学专业师生及相关设计者的参考用书。

图书在版编目（CIP）数据

宜居城市广场群时空分布特征研究 / 高家骥著. --北京：中国纺织出版社有限公司，2022.6
ISBN 978-7-5180-8819-5

I. ①宜… II. ①高… III. ①广场 - 城市规划 - 研究 IV. ① TU984.18

中国版本图书馆 CIP 数据核字（2021）第 176085 号

策划编辑：金　昊　　责任编辑：金　昊　苗　苗
责任校对：楼旭红　　责任印制：王艳丽

中国纺织出版社有限公司出版发行
地址：北京市朝阳区百子湾东里 A407 号楼　邮政编码：100124
销售电话：010—67004422　传真：010—87155801
http://www.c-lexlilep.com
中国纺织出版社天猫旗舰店
官方微博 http://weibo.com/2119887771
北京华联印刷有限公司印刷　各地新华书店经销
2022 年 6 月第 1 版第 1 次印刷
开本：787×1092　1/16　印张：12.5
字数：180 千字　定价：98.00 元